12週
完美領導學

35位國際醫界CEO的智慧結晶

拉爾夫·克萊曼 Ralph Victor Clayman
邱文祥 Allen W. Chiu————————著

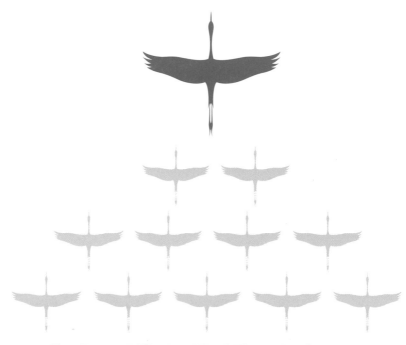

COMPLEAT DEAN
The Wisdom of Leadership

拉爾夫·克萊曼
Ralph Victor Clayman

　　畢業於美國格林內爾學院（Grinnell College）與加州大學聖地牙哥分校醫學院（University of California - San Diego, School of Medicine）。克萊曼在明尼蘇達大學（University of Minnesota）醫學院接受完整泌尿科住院醫師訓練，並獲得美國泌尿外科醫學會（AUA）研究獎學金，在德州大學完成研究員訓練。之後在密蘇里州華盛頓大學（Washington University）17年期間，難能可貴的同時取得泌尿科及放射線科的雙教授。1989年他完成人類的第一例腹腔鏡腎臟切除術。他堪稱泌尿外科低侵襲性手術，尤其是經皮腎造廔取石術及腹腔鏡手術的開創者及泰斗。

　　2002年1月，克萊曼擔任加州大學爾灣分校（University of California–Irvine）新成立的泌尿部主任；2009年，他升任爾灣分校的醫學院院長。他在擔任院長5年期間，讓這所醫學院獲得美國醫學教育評鑑委員會（Liaison Committee on Medical Education, LCME）的高度評價，財務表現也相當亮眼，並替學校闢出750,000平方英尺（約7公頃）以上的新空間。

　　克萊曼也是國際內視鏡泌尿科醫學會（Endourology Society）的創始人之一，並擔任《泌尿科內視鏡期刊》（*Journal of Endourology*）的主編。他擁有13個醫學專利，發表超過400篇同儕審查的文章，現在是加州大學爾灣分校的榮譽教授。當今美國泌尿外科低侵襲手術科室主任，十之八九皆曾經直接和間接受教於他，在國際間他也作育英才無數。

2014年，邱文祥擔任世界泌尿內視鏡醫學會會長時，
與拉爾夫·克萊曼教授在臺灣合影。

作者簡介

邱文祥
Allen W. Chiu

醫學博士，1958年生。現任亞洲泌尿外科醫學會祕書長（CEO）、馬偕紀念醫院名譽顧問、新光吳火獅醫院董事、財團法人徐元智先生醫療基金會董事、西安交通大學客座教授、國立政治大學客座教授、國立陽明大學泌尿學科教授、生技醫療EMBA學程執行長。

亞洲低侵襲性泌尿外科手術、腹腔鏡手術的播種者，更是臺灣達文西腹腔鏡機械手臂之先驅。1993年完成臺灣首例腹腔鏡摘除腎臟手術，2005年完成亞洲第一例腹腔鏡膀胱切除術及人造膀胱。曾任臺北榮總泌尿外科主治醫師、臺南奇美醫學中心泌尿外科主任、臺北醫學大學附設醫院泌尿外科主任及學術副院長、臺北市立忠孝醫院院長。

2007年任臺北市政府衛生局局長，2010年任臺北市副市長。2011年起擔任陽明大學醫學院院長，2014年任臺北市立聯合醫院總院長。曾任第三十二屆世界泌尿內視鏡大會會長（2014年）、東亞內視鏡泌尿醫學會理事長、《亞洲泌尿學期刊》（*Asian Journal of Urology*）副主編、新加坡醫院客座教授、陽明大學校友總會第五屆榮譽顧問、陽明大學醫學系校友總會會長、中華內視鏡外科醫學會理事長、秀傳紀念醫院顧問、高雄義守大學顧問、振興醫院顧問。

共發表超過200篇原著論文，應邀國際會議特別演講超過200次，包括：美國、英國、日本、韓國、澳洲、義大利、泰國、馬來西亞、越南、印度、印尼、菲律賓、奧地利、新加坡、港澳、德國、斯里蘭卡、巴基斯坦、中國大陸。應邀親自手術示範共35次（國際手術示範25次），包括：臺灣、香港、新加坡、韓國、印尼、馬來西亞，科倫坡、越南、中國大陸（上海、成都、深圳、廣州等地），擁有三個專利，為國際知名泌尿外科領導人。訓練國內外臨床研究員達50人以上。

2017年5月，邱文祥獲頒美國泌尿科醫學會理事長表揚獎，
與在美國的老師巴巴揚（Richard Babayan）教授合影。

目錄

第1～3週

Part 1　擔當──領導者特質與組織文化

1. 你是蠟燭型或閃電型的領導者　　32

院長必備的特質
● 聰明與擔任好領導者，無法畫上等號

2. 上任第一個月就來「探路」的同仁　　37

新上任的挑戰
● 遇到食古不化的主任，強壓會造成反效果

目錄

第7～9週

Part 3　格局——創新與領導者視野

目錄

推薦序

要成為完整的管理者，
是一輩子不斷學習累積

吳志雄，行天宮醫療志業醫療財團法人恩主公醫院院長

非常榮幸接受邱文祥教授邀請，搶先目睹《12週完美領導學：35位國際醫界CEO的智慧結晶》並寫推薦序。本書並非僅單純中文譯本，還加入邱文祥教授的經驗談與見解，更加豐富了書籍的內涵。

與邱文祥教授熟識的契機，是我在擔任臺北醫學大學附設醫院院長任內，邀請其擔任泌尿科主任開始。邱教授是一位極為聰明且深具魅力的學者，臨床學識優異不在話下，堪稱臺灣泌尿科權威；更令人敬佩的是，保持不斷學習、精益求精的精神，一路經歷北醫大附設醫院學術副院長、臺北市立忠孝醫院院長、臺北市立聯合醫院總院長、臺北市衛生局局長、臺北市副市長、陽明大學醫學院院長等職務，歷練完整且豐富，其個人特質與經驗，恰巧可謂《12週完美領導學》的最佳代言人。

我與本書作者拉爾夫‧克萊曼教授的認識，亦是透過邱教授的介紹。與他接觸過的人應該會喜歡這一位聰明睿智的醫師、學者、科學家。非常佩服其拋磚引玉完成這本極具價值的工具書，與其說是工具書，更像是領導經驗的傳承。書中集結多位院長的經驗，歸

納出要成為一位成功的醫學院／醫院院長，必須具備的人格特質與核心經驗法則。

本書內容約略可將擔任「醫學界領導人」這個職務分為準備期、執行期、評估期。事前的準備工作，包括了解自己、職場環境，甚至於整個體制。事前準備工作越充分越能縮短適應磨合期，儘速進入狀況。擔任領導人的階段，接受蜂擁而來的事務與挑戰，如何在工作過程中保持優勢局面？醫學是門科學，更像是一種藝術，如何當一位醫學領導者也是門藝術；擔任領導者職務，必須時時保持反省與審視，保持良好的狀態方能朝目標前進。書中最後章節，邱文祥教授以自身經驗補充分析臺灣與美國的異同經驗，提出反思與建言，相當值得參考。

回首自己擔任醫院院長的經驗，即使在臨床專業的優越自信，初面對醫院管理職務時，也不禁忐忑不安。如何不莽撞行事，面對龐大複雜的醫院體系，完成任務及面對挑戰，這一路走來也是血汗交織的經驗。如果初任領導階段能有此書參考，應可成為重要的指南方針。我個人很喜歡明太祖朱元璋的開國三策：「高築牆、廣積糧、緩稱王」；厚植自己實力，奠定基礎；廣結各方善緣，廣納賢良；等待最佳時機，水到渠成。一位優秀醫師養成，需要十數年的時間；要成為一位完整的醫院／醫學院管理者，則是一輩子不斷學習累積。虛心學習、終身努力，是我在這兩位優秀學者／管理者身上所看到的關鍵因素，也是本書的精華重點，與各位讀者共勉之。

推薦序

心領神會領導工作的核心價值

邱仲慶，臺南奇美醫院院長

　　邱文祥教授曾經擔任陽明大學醫學院院長，在這之前也曾於奇美醫學中心擔任泌尿外科主任，不僅帶動本院及國內內視鏡泌尿醫學的發展，也是國際知名泌尿外科領導人。此外，邱教授也曾擔任臺北市政府衛生局局長及臺北市副市長，領導管理經驗非常豐富。美國拉爾夫‧克萊曼教授是邱教授多年好友，克萊曼教授利用擔任美國加州大學爾灣分校醫學院院長的時間，著述一本《超完美院長：不確定年代中，如何領導醫學院》（*The Compleat Dean: A Guide to Academic Leadership in an Age of Uncertainty*），由邱文祥教授用心的將此書編譯成中文版《12週完美領導學：35位國際醫界CEO的智慧結晶》，主要是要給有心擔任醫學界的領導人一本參考工具書。

　　克萊曼教授透過問卷調查整理擔任醫學院院長所需的重要經驗，並分析此類領導人所需的工作體認及共識。由於邱教授和克萊曼教授有相同的學術背景及經驗，特別能心領神會，因此在書最後一章還加註針對美國與臺灣社會、教育與醫學界的異同之比較。

　　然而兩個社會及學術文化雖有差異，但是仍是有一些共通的核心

價值。舉例來說，當問到這35位年資超過5年以上醫學院院長或醫學大學校長一個問題：如果你能克服困難且任期已滿 5 年時，什麼成績最令你滿意？最多的答案是「文化的改變」，其他重要成績還有：找到對的人、財務順暢、課程的更新，以及組織的新建設等。當問到醫學領導人所需的重要人格特徵，最常見的答案為：第一為毅力（perseverance），例如：堅持、韌性、熱中於工作、專注、決心、目標導向、細膩、責任心、擅長解決問題。第二為具能孕育他人的特質（nurturing personality），例如：利他、樂觀、合作、支持鼓勵和輔導。第三是創意（innovation），例如：創造性和創新性。可見院長們都一致認為在這充滿挑戰的時代，毅力、孕育他人的特質及創造力應該是最重要的特質。

　　本書內容極為豐富詳盡，相信這是未來想在專業領域，尤其是學界、醫學界擔任領導人，一本很有價值的參考書，非常值得一讀，特此推薦。

推薦序

集結 350年的領導者經驗，值得借鏡

侯勝茂，新光吳火獅紀念醫院院長、前衛生署署長

邱文祥教授把美國克萊曼教授的大作《超完美院長》的編譯本《12週完美領導學：35位國際醫界CEO的智慧結晶》借我閱讀，讓我大開眼界，欲罷不能，兩天就看完，卻深深思考兩週，又來來回回再三拜讀幾次，才敢寫序交卷。因為這是一本很有智慧的工具書。克萊曼教授就如何處理醫學院院長的挑戰工作，如：就任、領導、發展、應付挑戰，甚至何時退休的實際問題……等，詢問了61位年資超過5年以上的醫學院長，將回覆意見整理成冊，總結代表了超過350年領導人經驗才完成此書，因此可借鏡本書的地方太多了。

畢竟臺灣與美國的醫療制度不同，大學系統更是天壤之別，短時間內許多美國經驗不可能在臺灣實現，尤其大學管理及財務系統差別最大，所以本書最後一章有邱教授加上的後記，道出美國與臺灣的不同，但是普世的核心價值卻應是一樣的，他也對臺灣目前大學發展的瓶頸做最好的建言，可說是一針見血的結尾。

本書雖然是寫給醫學院院長看的參考書，其實任何一位想在學術醫學（Academic Medicine）做領導工作的人，均可以用得到，我就獲益頗多，相信您看了之後，也會有同感！

推薦序

優秀領航者在茫茫長路上的指南

張德明，臺北榮民總醫院院長

邱教授為多年好友，邀約為其與美國克萊曼教授合著的《12週完美領導學：35位國際醫界CEO的智慧結晶》一書寫序，甚感榮幸乃欣然為之。

兩位共同作者有許多共通之處，兩者皆為國際知名的泌尿外科權威醫師。克萊曼教授在1989年完成了人類第一例腹腔鏡腎臟切除手術，是腹腔鏡手術的開創者；邱文祥教授則在1993年進行臺灣首例腹腔鏡摘除腎臟手術，2005年完成亞洲第一例腹腔鏡膀胱鏡膀胱切除術及人造膀胱，亦是亞洲低侵襲性泌尿外科手術及腹腔鏡手術的播種者。於專業領域，他們皆是傑出的領航者。

尤其難能可貴的是，克萊曼教授後來接任美國加州大學爾灣分校醫學院院長；邱教授也學而優則仕，不但曾任國立陽明醫學院院長、臺北市市立聯合醫院總院長，更做過臺北市衛生局局長，以及臺北市副市長，特殊經歷可謂前無古人。這本書的價值也於焉展露。

回首來時路，自己一直以行醫為樂，且迄今樂此不疲。但當職務交付時，青澀稚嫩的年代哪能回絕，35歲剛由國外回來，晚上長官

一通電話，要求接任民診處醫務組組長，實際執行醫院營運與健保問題，就這樣踏上醫療行政管理的長路。但是行政不比專業，沒有課本、沒有老師、沒有實習、沒有參考資料，就這樣摸著石頭過河，一步一腳印，謹小慎微勇往直前的走到現在。

　　克萊曼教授收集美國35位平均年資9.7年的醫學院院長或醫學大學校長的問卷調查，整理其擔任領導人所需的重要經驗，是非常具有參考價值的工具書。其中再經由邱教授的比較，點出因文化差異，於西方國家和臺灣最大的不同點就是人才的流動。西方國家用人唯才，沒有藩籬；而東方社會相對封閉保守，門戶之見，使許多醫學院校皆為近親繁殖，以純種為傲。後者優點是因師出同門，領導統御相對單純，但卻少了前者火花激盪，與存異求同之間的廣闊面向。

　　其次，該書也強調，受測者認為有關醫學領導人所需的重要人格特質，最常見的三個答案，就是毅力、能孕育他人的特質和創造力，並認為這是一場漫長的馬拉松。而我們都要面對「在快樂平順的日子裡，也會有一半的人對你不滿」的環境。因此影響成功的因素，當然就包括溝通的方式及管道，該如何在這類狀況下，掌穩舵，並激勵大家同心協力，向共同的願景邁進，這也才是優秀領航者應有的特質。

　　書中也詢問，任期滿5年時，什麼成績最令人滿意。最多的答案是文化的改變，第二則是找到對的人、財務順暢、課程的更新，以及組織的新建設。實在都是心有戚戚焉的至理名言。要將舒適的民航機變戰鬥機，或將貨輪變航母，見山是山、見山不是山、見山又是山的

轉折，都需要大智慧和堅忍的魄力與毅力。

　　雖然過來人或都同意終身學習是「完整院長」的法門，在過程中的每個階段、每個職務，要謙虛的多看多聽，勤奮務實的扮演好應有的角色，但一本完整工具書的誕生，仍是茫茫長路上最好的指南。這本書是走向醫療行政非常難得的重要資料，也是有志或有機會挑戰大位者重要的學習參考。有幸拜讀，更幸為序。

推薦序

換位成管理人，立足、生存並茁壯的寶典

詹啟賢，國光生技董事長、前總統府資政

　　我與邱文祥醫師共事，是起於1997年，我邀請他來到奇美醫院擔任泌尿外科主任。當時的他還很年輕，卻已非常有才華，在臨床及學術領域上都展現出相當的潛力。他來到奇美醫院之後，除了照顧了許多中南部的民眾，還開創了泌尿外科微創手術這個嶄新的領域。2000年起，他擔任奇美醫院醫學研究部的副主任，成立了動物實驗室和開刀房，編列研究預算，發展為領先全台的泌尿外科微創手術權威，吸引全台以至於世界各地的醫學人士都來學習取經。

　　邱醫師在奇美服務期間，也展現出優秀的行政能力，不但能領導自己的科目前進，也與其他醫院、醫學院都建立了良好的交流網絡。奇美醫院柳營分院於2004年成立，若非他因家庭因素返回臺北，本擬邀請他擔當負責人。但人才到哪裡都自能找到一片天，邱醫師到了臺北醫學大學附設醫院擔任副院長，又到市立忠孝醫院任院長、陽明大學外科教授，以及世界泌尿內視鏡大會會長等等，都相當有作為。奇美醫院也因此和北醫、陽明等學校建立了學術研究關係，由奇美提供經費協助醫院和學校的相關共同研究計畫，卓有成就。

2007年邱醫師應邀成為臺北市衛生局局長，後來又成為臺北市副市長、陽明大學醫學院院長，都顯示出他從醫療行政管理提升至更廣泛的行政管理及領導協調工作，仍能得心應手。2018年他一度有心參與臺北市市長選舉，雖然現實環境未能如願，但相信以其過往經歷，將來必會有一展長才，為大家服務的機會。

世界泌尿外科權威，美國的拉爾夫・克萊曼教授在其擔任加州大學爾灣分校醫學院院長期間，彙整自身和全美數十位資深醫學院院長或醫學大學校長之重要經驗，有系統的整合一本工具書。為已經或即將擔任醫學院高階管理者之人，提供如何從醫師轉換為管理人，如何在一個熟悉但又陌生的網絡中立足、生存並茁壯的寶典。

邱醫師特別與克萊曼教授合作，將本書編譯為中文，以饗國人。除了將各章節潤飾編譯之外，並在書末加寫一段後記，特別針對美國與臺灣社會的異同提出討論與建言。我國的醫療發展，在硬體設備、醫學技術均已相當進步，尤其我們這幾年已經從醫療專業逐漸形成「產業」的觀念。加上我們特有的全民健保，更牽涉到經濟、社會與政治的思考。期望本書能夠對臺灣未來的學界、醫界領導者，帶來專業領域之外，整體持續發展，更上一層樓的助益。

推薦序

豐富經驗匯集成培育領導人才的傑作

魏耀揮，彰化基督教醫院粒線體醫學暨自由基研究院院長、馬偕醫學院創校及第一、第二任校長、行政院國家科學委員會生物科學發展處處長、國立陽明大學生化暨分子生物研究所教授兼教務長

邱文祥教授就讀陽明醫學院醫學系四年級時，我恰巧擔任他們班同學的導師，從那時起我就與他和夫人——臺北榮民總醫院眼科部主任劉瑞玲教授時有往來，持續至今。我一路看著他們從學校畢業，進入臺北榮總開始他們的臨床醫師訓練及醫療服務的生涯發展。文祥後來陸續受邀到奇美醫院、臺北醫學大學及忠孝醫院從事泌尿專科醫療服務與教學工作，接著擔任臺北市衛生局長及副市長，在市政府服務廣大的民眾，有極為優異的表現和為人稱頌的口碑。八年前，文祥接受遴聘回到母校擔任教職，作育英才，並成為陽明大學校友擔任醫學院院長的第一人，寫下歷史新頁。

在陽明大學36年期間我教過的數千名醫學系學生當中，有邱教授這麼豐富經歷的人實在不多。今天更高興看到他跟另外一位優秀的外科醫師拉爾夫·克萊曼教授，有著類似的人生經驗。他們兩位都是聞名國際的傑出外科醫師，而上帝也巧妙的安排他們擔任醫學院院長，

從事春風化雨的工作。而更高興的是，看到克萊曼教授能夠將35位行
政經驗平均9.7年的的美國醫學院院長的人生智慧及工作經驗，匯集
成這本培育領導人才的工具書。我相信，這本書對未來想在學界尤其
是醫學界擔任領導人的年輕下一代，一定有很大的幫助，乃樂於推薦
給讀者朋友們。我也以能夠與邱文祥教授及夫人亦師亦友30餘年為
榮，這真是應驗了「得英才而教之乃人生一大樂事也」的古訓。

作者序

是醫者，更是領導者

　　我和美國拉爾夫・克萊曼教授（Professor, Ralph Clayman），亦師亦友，相知相惜近30年。他是一個極其聰慧、深有睿智的國際級醫學界領導者，可以說全球泌尿外科醫師皆景仰他。他又極富有創意，是全世界第一位完成腹腔鏡腎臟切除術的醫師。他學識淵博，反應靈敏，善於觀察，極有智慧。他在擔任美國加州大學爾灣分校（University California Irvine, USA）醫學院院長期間，有感於幾乎所有人在擔任醫學院院長前，皆沒有受過這方面的訓練，再加上坊間指導人們如何成為醫學界領導者的參考書籍少之又少，於是根據自己的體會，再加上數十位美國醫學院領導者的經驗，撰寫了一本極有參考價值的著作《超完美院長》（*The Compleat Dean: A Guide to Academic Leadership in an Age of Uncertainty*, 2016）。

　　這本著作整編了全美醫學院長一百多個有關管理與領導問題的答案，可以說是在醫學領導與管理上非常重要的經典之作，我覺得如果能讓華人世界的醫界領導者學習他的真知灼見，對醫界大有裨益。回首來時路，如果我在當領導者時能有這本實用指南時，我應該可以做得更好！此次，我非常榮幸能夠和克萊曼教授一起合作，將這本書裡

的智慧與經驗帶入臺灣，期能廣為周知，以協助後進。

　　不過，因為美國和臺灣社會的醫療系統、醫學教育制度及社會文化差異甚大。考量到要讓臺灣讀者更能掌握《超完美院長》一書的精髓，我取得克萊曼教授的授權同意，摘錄當中適合臺灣環境與值得借鏡效法的核心價值。我從擔當、使命、格局和無畏四個領導特質切入，除了克萊曼教授的論述之外，在每一章的最後，我也加上自己的心得體會與親身經歷。

　　在全書的最後特別針對美國與臺灣社會的相異之處做仔細且廣泛的討論，對個人、學界、醫界乃至政府都提供具體建言，以期他山之石可以攻錯。在編譯此書時，我發現臺灣醫學教育縱然效法美國之處甚多，但是其中因為在全民健保制度及僵化大學教育制度兩大因素影響下，臺灣各大學醫學院或醫學大學之組織架構及管理差異極大，有些醫學院院長近乎被架空，無法發揮長才而後去職者亦非罕見。此書將現今臺灣的醫學教育及其實際困境指出，且提出具體改善之道。希望能拋磚引玉勾起大眾的共鳴，正視實際問題，解決問題，讓我們一起努力，戮力建立一個臺灣醫學教育乃至大學教育更美好的未來。

　　克萊曼與我合作這本書主要目的就是要提供臺灣未來學界、醫界的領導者日後所需，這絕對是一本未來想在專業領域，尤其是醫學界擔任領導者值得參考的著作。它亦可協助醫學界的年輕初級領導者，例如：醫院臨床科主任，或是醫學院基礎學科主任的未來發展。如能了解其中奧妙，此書亦對日後美國與臺灣相關領域雙邊合作也有所助益。各領域管理及領導之精髓如出一轍，相信此書對其他非醫界的未來領導人亦有幫助。

　　同時我也要感謝我的夫人劉瑞玲醫師，有句話說：「每個成功男人的背後，都有一個偉大的女性。」或許有些人覺得這句話太八股，我卻有很深的感觸。我太太本身是位優秀的眼科醫師，她靠著精湛醫術，可親的態度，在病人之間獲得很好的評價。她當上臺北榮民總醫院眼科部主任後，花了很多心力讓眼科部成績有目共睹。她擔任陽明大學教授從事教職多年，培養出多位優秀眼科醫師。2017年她更當選中華民國眼科醫學會理事長，領導臺灣眼科界繼續發展。我衷心感謝她多年來對我的支持和對家庭的照顧。更因為她也是一位醫界的領導人，因此編譯此書時，特別得到她的一些寶貴建議，特此申謝。

前言

35位院長匯聚的
350年領導資歷結晶

不論是西方或是東方社會，現在的教育環境都極其複雜。尤其是在網路社會裡，學生學習的速度變得非常的快速，學習的方式變得非常的多元。因此學界、醫學界的教育模式勢必要與時俱進。如果仍然是像以前一樣照本宣科，由大堂課教出來的學生，恐怕其思維能力會受到非常大的限制。

因此，有心想要擔任學界或醫學界的領導人，不管其職務高低，是醫學院院長或是科部主任，都必須要有一個基本認知，那就是：一定要終身學習，持續進步以因應這個多變的社會。

克萊曼教授在擔任5年的醫學院院長過程中，深刻體會到自己像是在波濤洶湧的水域中駕駛小船。剛開始接受這項任務時，發現能利用的工具書少之又少；回首來時路，他相當盼望能有更多準備，因此有了一個想法，如果能蒐集這個領域領導者的智慧及經驗，集結成一本實用的工具書，相信應該可以協助新手面對日後醫療系統、教育模式、科研計畫，或社區服務的挑戰。讓他們可以迅速上手，而且在卸任時可圓滿達成任務。

克萊曼教授自2014年暑假起，利用問卷調查，分別發送給全美

（至少任職5年以上經驗）的所有醫學校院院長或校長。在141位美國認可的醫學院校領導者中，只有61人（43%）任職5年以上；完成並寄回調查表的人有35位（57%）。回覆的領導者絕大多數是男性（86%），其平均行政經驗 9.7 年（5.0～23.7 年）。換言之，此書所有受訪者累積總共超過 350 年的行政經驗。

依據問卷結果分析出的重要觀念及指引，克萊曼教授的《超完美院長：不確定年代中，如何領導醫學院》一書可說是特別為未來的學界及醫界領導人所撰寫。然而它也適於嚮往這職位，而現僅擔任基層領導人閱讀。

但因為文化的差異，若由臺灣社會的角度來閱讀美國人的經驗，一定會有極大的扭曲及誤差。舉例來說，人才的網羅就是其中一個差異點。在美國，人才的網羅是極其積極開放的，人才流動也非常迅速。一所醫學院校完成訓練的醫師，很少會留在原來的學校或醫院。而反觀東方社會，包括臺灣、日本、韓國就很少有這種人才流動的情形，因此很少需要成立專門的遴選委員會。這也就造成東方社會學術

領域的僵化，很容易形成派系，稍有不慎即生爭端，這點真是臺灣學界領導者要慎重處理的課題。教育訓練的核心價值是培育人才，且用人唯才。不思此，而拉黨結派，其結果就是整個團體乃至整個國家日益墮落。要如何將這根深蒂固的缺點修正，也不能夠採取太劇烈的改革措施，若企圖改變盤根錯節的傳統制度，恐怕弄巧成拙。建議不妨在不同的學校或醫院成立結盟單位，學生、教員及醫師們先互相溝通交流，藉此讓兩個不同單位的文化慢慢磨合。尤其是大單位的合併更需逐步實施事緩則圓，否則製造問題的機會是非常的大。

這本書提供了相關領域領導人所需的基本知識及經驗，為了臺灣讀者了解箇中奧妙，更加上臺灣社會的異同及補充。

Part 1

擔當
領導者特質與組織文化

一個組織能夠成功，領導者必居關鍵地位，領導者要具備哪些特質呢？無論你是內定繼任或臨危受命的領導者，又有哪些心法和技巧能夠幫助你、同仁和組織渡過動蕩與危機呢？

你是蠟燭型或閃電型的領導者

上任第一個月就來「探路」的同仁

三個核心問句，快速掌握組織現況

因人設事的風險

判斷組織氛圍公式：$1+1=0$ 或 3

好的計畫一定會成功，但領導者事必躬親的監督是不智之舉

12週內讓人覺得你是積極行動的領導者

謹慎說出：好主意、有趣、讓我們進一步討論

有效率的會議是進展的基石

理由充分、清楚說明的電子郵件都可能被斷章取義

1.
你是蠟燭型
或閃電型的領導者

情緒智商就是領導特質的同義詞。有些人或許擁有世界上最
好的訓練，頭腦敏銳，分析力強而且創意源源不絕。但是如
果缺少這項特質，仍然無法成為優秀領導者。

——丹尼爾‧高曼（Daniel Goldman），EQ 之父

雖然智商（Intelligent Quotient，IQ）是最常被當成判斷一個
人的特質及決斷力的參考，但要判斷是否能適任領導者，尤其是
學界或醫界的領導者，單靠智商是遠遠不足的。事實上，最重要的
成敗要素是情商（Emotional Quotient），也就是EQ。「E」通常
指情感（Emotion），但也可代表「有效力」（Effectiveness）、
「效率」（Efficiency）、「經濟力」（Economy）、「沉著」
（Equanimity），以及「同理心」（Empathy）。

IQ與EQ的區別，就像一瞬間的閃電和燃燒長久的蠟燭。閃電儘

管引人注目，但通常很短暫；而蠟燭的燃燒長久，也是光與溫暖的源頭。許多閃電型的領導者往往為組織帶來的是嚴重的後遺症；相較之下，蠟燭型的領導者反倒經常在不減自身光芒之下還能一一點燃其他人的亮光。

院長必備的特質

在我的問卷受訪者中，有90％的人其實起先都沒有明確要成為一名院長的生涯規畫。然而，這些院長展現出的領導能力和興趣都十分明顯，因為他們通常都有部門主任，以及在醫學院、醫學計畫或醫院擔任領導職位的經驗。在美國，雖然有些院長在就任前曾上過幾天或1~2週的領導課程，但他們很少會再去上更高階的課程。然而，在成為院長後之後，有將近半數的人曾參加美國醫學教育協會（Association of American Medical College, AAMC）所開的課程：副院長課程（Course for Associate Deans）或哈佛的醫院主任課程（Harvard Course for Clinical Chair）。

為了明確知道這些院長共同的主要特質，在問卷上請每位受訪者用一個最貼切且認為最重要的特質形容自己。結果，他們最常提及的三個特質為：

1. **毅力（Perseverance）**：堅持、韌性、熱中於工作、專注、決心、目標導向、細膩、責任心、擅長解決問題。
2. **能孕育他人的特質（Nurturing Personality）**：利他、樂觀、合作、

支持鼓勵和輔導。

3. 創意（Innovation）：創造性和創新性。

　　他們不常提及的特質或能力包括：體貼、透明、熱情、務實、公正、耐心、活潑、學習和體貼周到。總之，最經得起考驗的院長，就是能夠持續不懈，專心完成使命，同時還有能力孕育師資與學生。當然，在充滿挑戰的時代，具備創意的特質也與毅力、孕育特質密不可分。

擔當力的王道

聰明與擔任好領導者，
無法畫上等號

專家
領路

邱文祥

在人生的成長及學習過程當中，越有人生閱歷及智慧的人一定同意，一個人在年輕的時候，聰明、IQ高，往往讓他的學業及表現比較好，而且在同儕裡面能夠表現突出。但是隨著年歲漸長，必須要去跟其他人溝通及合作的機會變多了，如果沒有高的EQ，反而會讓他的IQ減分，造成一個負面的力量。因此要當一個好的領導者，IQ及EQ都重要，但是要當一個好的溝通者，EQ比IQ重要許多。

不論是在臺灣或是美國，能擔任醫師的人，都是經過醫學系的教育。能夠考上醫學系的學生，都是在成績上頂尖的人，因此大家普遍都會覺得當醫師的人都很聰明。但是聰明和能不能擔任好的領導者，是無法畫上等號的。

很聰明的人往往比較沒有習慣去了解其他人的想法，也就是說，他們擔任醫院領導者時，沒有做心理或心態上的調整，也沒有考慮與護理同仁、檢驗同仁、放射同仁等等其他非醫師同事合作的打算。然而，醫院這樣的組織，需要非常多不同背景的專業人才組成。再者，想讓醫院成功，各種人才缺一不可，它也是一個非常需要團隊合作的

組織。因此要擔任好的醫院及醫學院領導者，恐怕不是單憑個人足夠的專業能力就可以。更重要的，反而是和別人溝通的能力，而且即使彼此的意見相左，也要能想出一個雙方都能接受的解決之道，讓事情能夠繼續執行，達到雙贏的結果。

2.
上任第一個月
就來「探路」的同仁

太陽能比風更快使你脫下外套；就像溫和、友善和讚賞的態
度，相較於咆哮和猛烈的攻擊，更能使人改變心意。

——戴爾・卡內基（Dale Carnegie），人際關係學大師

出任領導者的方式一般有兩種：一種是內定的繼任者，另一種是
擔任解決危機的關鍵主事者。前者會透過正規的面試程序，並讓候選
人有時間做準備。而後者比較像是碰上一場傾盆大雨，而領導高層就
在尋找一把雨傘的過程中，發現身在組織裡的你。但你也像一把傘一
樣，只有在暴雨期間得到這份工作，並不會得到任何過了眼下這場暴
雨之後的應聘承諾；這時的你也會因此冠上「代理人」（interim）的
稱號。

我曾碰過在擔任醫學院院長一個月內，就有說三道四的同仁主動
要來和我見面。對於這種人要特別注意。

在組織宣布你擔任領導者之際，這些人會來道賀並告訴你：「你『升官』了，我有多麼高興。」想讓你知道他（很少是她）是如何大力遊說，幫助你得到這個職位，接著就想知道你會給他什麼工作。

其實這些人很可能覬覦你的位置，或是他們想要藉此升官。千萬別將這種人納入你的領導圈中，因為他們為了提升自己在組織中的地位，會持續破壞及做出洩底（leakage）的行為。

碰到這種人，你最聰明的做法就是感謝他們的支持，並讓他們知道你至少在上任的最初 4 個月內不打算進行任何的人事任命。

新上任的挑戰

很多因素使得不同背景的領導者上任後措手不及，不知如何處理。最常見的「震撼」狀況，就是某些主任的封閉保守本性。這些人要不是能力不足，就是沒有意願為了組織的共同利益而跨越部門去接受變革。

很多主任會抗拒改變，心中追求遠大火花的渴望也早已磨滅。其中最常見的情況為，主任就是代表科內的一切，科內完全沒有創造力，食古不化，罔顧現實及拒絕改變。而且很多人認為會比你待得更久，因此沒有理由接受你想要進行的改革。

領導者的挑戰就是要能改變這些人的心態。此外，身為領導者還要花很多的時間與一些對組織預算有影響力的人打交道，包括：民意代表、捐贈人、保險公司，以及商界領袖，同時還必須和媒體及附設

醫院的領導階層做充分的溝通。

在院長的問卷調查裡，對於新上任時的工作，有位院長就說：「這是一場漫長的馬拉松，不是百米衝刺。」這場馬拉松中，你必須自己配速，調整快慢。而在醫院組織裡，通過評鑑認證、處理困難的經費問題、內外的政治與法律問題、錯綜複雜的官僚體制，以及複雜的電子紀錄等等，也全是院長要面臨的挑戰。

以透明度建立信任，去了解各方的期待與需求，同時也讓大家知道你的工作進展，以及可能面臨的障礙。萬一你是臨危受命擔任代理院長職的人，也要意識到沒有人期待你日後成為院長。大部分的大船就算在引擎熄火後，還是能夠繼續往前航行。所以你的任務不是划動這艘船，也別去冀望能夠得到讓船繼續行駛的「燃料」。此時還有一個最聰明的做法，就是：靜觀其變。這也是領導者必須具備的一項能力。

擔當力的王道

遇到食古不化的主任，
強壓會造成反效果

專家
領路

邱文祥

　　我剛到臺南奇美醫院時，由於才38歲就接主任行政職，底下6位主治醫師，每位都比我年長，他們難免不服氣；加上那時我已經升副教授，他們以為我應該是屬於擅研究，不擅看病甚至是動手術的醫師。在我的迎新會上，竟有一位醫師藉著敬酒的機會，語帶挑釁的說：「來，邱主任，我敬你，來了一位只會寫文章，不會開刀的醫師。」

　　他話說得很酸，但是我什麼都沒說，因為回應什麼都不對。但是如果你就任的位置，是一個醫界的領導者，你使用的方法可能就不必像我在擔任科主任時那麼的迂迴，畢竟醫界是比較階級性的機構。同仁對院長的接受度一般皆比較認命。哪怕你是空降部隊，一般醫院院長的權威性是非常大的，如果你認為有哪一些科部主任或是哪些資深同仁的表現未能趕上時代，你可以稍微用比較強勢的方式去改善它。但是切記，態度一定要誠懇，姿態一定要柔軟，而且要給當事人有發展的機會及資源。而不是讓他（她）自己去摸索，如果他能夠自己做出來，怎麼會有現在這種狀況呢？

　　領導者對能力不足的人一定要好好的去了解他，觀察他。因為人有短必有長，好的領導者要會利用同仁的長處，更正他的短處。領導者要有很重要的一種觀念──你就像是一個農夫。你能夠把各種花草都種得好，才是好農夫。那代表著，你會善用陽光、水分、土壤乃至風向。而不是一味揠苗助長，那絕對不是長久之計，最後也一定不會成功。

　　此外，新上任的領導者碰到拒絕變革的人，也要能改變這些人的心態。舉例來說，在醫學技術的進步上，即使有些新的技術已經在國際廣為接受，但是在醫院裡有些食古不化的主任可能就會拒絕改變。因為他在該科已經待了很久，領導者如果用強壓的方式，要求他去學習新的療法，往往會收到反效果。

　　我的做法很簡單：找比較年輕、態度認真、願意學習的醫師，給他們機會出國，或是到國內頂尖的中心進修，他們成功學習到這些技術之後帶回醫院與科內，用到臨床上。原則上，不去攻擊舊有的方式。英文有個常用語「a matter of time」，意思是：這是遲早的問題。由於我們學習的是創新的方法，也是世界的潮流，時日一久，自然而然就能夠改變這種人食古不化的做法，因為有些病人及醫界其他同輩都會給他壓力，他自然而然就會改變。

3.
三個核心問句，
快速掌握組織現況

機會永遠留給準備好的人。

——路易·巴斯德（Louis Pasteur），微生物學之父

　　無論是內定的繼位者，或是空降的代理人，在上任前的 2 ～ 4 週都要先了解新的組織環境。此時，你應該要已經作完功課，並聚焦在即將面對的重要問題。

　　你可以將姓名、頭銜、聯絡人、背景和照片等等建置屬於自己的一份指南，藉此記住組織的內部利益相關者（例如：大學、醫學院和醫院領導階層，基金會或董事會成員），以及外部利益相關者（例如：政治人物、執行長、社區醫院領導、鉅額捐助者）。

　　利用這份指南，會見每一個人，如果可能就到他們的辦公室面

談。大約花費20分鐘，設法了解以下重點：

1. 他們心目中認定的組織成就是什麼？例如：什麼是最好的制度、課程與人才。

2. 當前組織存在的問題、最大的挑戰，以及可能的解決方案。

3. 如果想先改變一件事，那麼它是什麼？

4. 你能在組織改變什麼事？

5. 如何使他們的生活改變？

6. 如何定義他們的組織文化？

　　談話過程中，你應該認真聆聽再聆聽，並做詳細筆記，思考如何處理你所面臨的挑戰。最好先親自訪問兩位在社會中廣受肯定的成功領導者（最好有超過5年的行政經驗），看看他們是如何成功組織辦公室的行政人員。

「停止、開始、繼續」的腦力激盪

　　會面過程中，我建議可以和面談者利用「停止、開始、繼續」的腦力激盪問句，有助於你對組織盡速建立大致的印象，並獲得同仁的認同。

1. 停止：組織應該停止做什麼事？

2. 開始：組織應該開始做什麼事？

3. 繼續：組織應該繼續做什麼？

新領導者12週內要做的事

☐ 正式上任之前2～4週的訪問組織成員。

☐ 建立組織人員指南：照片、姓名、職稱、電話、電子郵件。

☐ 利用20分鐘親自面訪基層領導（在他們的辦公室與他們面談）。

☐ 雇用優秀個人助理。

☐ 雇用優秀參謀長。

☐ 決定研究、教學和臨床空間。

☐ 每週舉行財務長會議，以健全組織財務狀況、確立獨立且公正審計機制。

☐ 舉行兩個「新院長」會議（在新任期的第1月和第6月）。

☐ 訪問兩個相關領域成功領導者（至少5年的行政經驗）。

☐ 進行一項可行的策略計畫，當做你第一年最重要的工作。

☐ 最初12週聚焦於一個「簡單」且可行的「轉型期」計畫。

　　此外，立即與即將卸任的領導者會談，了解他或她的所見所聞、預期最大的挑戰，以及所有阻礙進展的因素。找出最弱的單位和主管，根據他們的表現和其部門未來的需要，決定處理的方式。如果決定要「重新雇用」新主管時，要非常慎重。一定要廣為徵求意見，與醫學院副院長和每位董事討論上述三件事（停止、開始、繼續）。

　　在問卷中，有位醫學院院長為了讓組織有更好的感覺，每年會安排12次午餐，一次只邀請10名教員。成員包括20名頂尖的臨床醫生、20名最佳的研究人員（依據美國國家衛生研究院成果水準）、20名研究經費最多的人員，以及前20名教學獎工作者。在這些午餐會議裡，每個出席者都會圍坐在一起參與「停止、開始、繼續」的腦力激盪，這些會議可以提供領導者一個客觀的機會觀察狀況，並且馬上決定方向或解決問題。

擔當力的王道

事緩則圓的做法，
累積足夠的信任與改變能量

專家
領路
邱文祥

　　其實克萊曼教授一直強調，利用「停止、開始、繼續」的作戰策略，我認為臺灣的文化因為比較保守，而且組織之間人員的移動並不常見，醫界、學界、政界各領域中派系分野極其分明的情形非常普遍，最好改用事緩則圓的方式。

　　換言之，應該先找出哪些是「前朝」做出還不錯的政策或工作，先「繼續」做下去，這樣不會馬上帶來因為戛然「停止」已在進行的工作，影響某人，不知不覺造成日後的阻力。等到你能繼續進行成功的階段工作後，你就可以開始逐步停止某些事倍功半的事情，如此也容易得到同仁的支持。當你累積了足夠的信任及能量，就可以去進行你覺得一定要開始的重要工作，尤其是可以改變文化、增加榮譽感及使命的工作。

4.

因人設事的風險

以鬆散的網狀結構，達到機動性的管理。其最佳辦法就是企業需要有一個共同價值觀。

——彼得・杜拉克（Peter F. Drucker），管理大師

　　我在問卷中提到：如果你已克服了原先的困難，任期也已滿5年時，什麼成績最令你滿意？得到最多的答案是：文化的改變，第二個則是找到對的人、財務順暢、課程的更新，以及組織的新建設。文化轉型的一個重要現象，是要能從醫學院校、醫療中心及醫師團隊這種多樣化且需要協調的單位，整合出一個可行且組織健全、有公信力，可以客觀評估與目標明確的方案。此計畫組成人員之間充滿了信任，且已建立一個有信賴、有所作為的環境。再加上能雇用到合適的人，更成為成功的關鍵因素。它深深影響到教育改革、財務償還能力、慈

善事業募款的成績、卓越的臨床服務及研究力。

有一點值得注意的是，雖然組織品牌的建立、發展計畫的多樣性、策略規劃和社區參與等等工作皆很重要，需要投入大量的時間和精力，但大多數的院長認為，這些僅為成功的微小影響要素；而其最終的目標，就是要造成文化的改變！

談到改革是否能成功和其最大的障礙，不意外的是，所有領導者的答案都是一樣：人。

上任前3個月要暫緩新任命

上任後，建議領導者辦公室的人事改變要緩慢，避免因為時間或成本的影響而增添人員，或者由於龐大的壓力，陷入迅速要找人填補職位空缺，落入因人設事的風險。

也不宜為了取悅一些人，上任後隨即成立新領導團隊。在前3個月或緩衝期間，你反而要暫停新的任命。你可以採行的另一種做法，就是請副院長投入至少70%的工作時間協助你。這種做法能讓他們依然在自己的部門工作，進而提供基層資訊，成為你的重要情報來源，尤其可以深入了解有關健全組織狀態的一些指標，以及員工對你領導方式抱持的看法。

有個爭議的問題是副院長的人數，這方面可採行兩種策略。第一種策略是只有一名副院長，他或她可以擔任院長的左右手與代理人，並作為各部門主任的中間聯繫人。這種做法是一把雙刃劍，副院長會

使你免受主任干擾，但可能也會削減你的影響力。

　　另一種策略就是類似企業界常用的方式，設置很多個副院長。這種情況使副院長權力明顯減少。建議可以找一個在組織服務20年以上、並忠於組織的資深主管擔任副手，他們知道該組織的歷史，可提供明智的建議。這個人的工作需要安排得井井有條。可以分配此人的工作包括：空間管理、代表你與部門主管溝通。

擔當力的王道

領導者要接地氣的
去了解基層的聲音

邱文祥

　　因人設事可說是在管理上的致命傷。因為本來沒有的事情及工作，會由於「這個人」而產生。如果此事不需要，那就是浪費資源。更糟糕的是，如果此事是需要的，必定會有另一個人的事和這個人的工作重疊。如果事權不分，非常容易產生磨擦，埋下日後組織人事不和的種子。

　　針對領導者上任所需面臨的改革，我有一段切身經歷，那是我接

任臺北市衛生局長時。2004年臺北市政府衛生局已完成組織修編兩年，十間市立醫院要整合為一間聯合醫院，這可以說是臺灣公家醫界組織再造的最大變革。這項重大變革可以整合資源、創造更好的效率，出發點完全正確。只是立意雖佳，卻在執行面也衍生出不少後遺症，像是總院長大權在握，造成工作量過於繁重、難以負荷。而且聯合醫院合併之後，由於分工混亂，上下員工無所適從，還曾經發生有新院區院長人事命令已發布，原來的院區院長卻不知情的窘境。

我上任的第一步就是讓聯合醫院改革的步調變慢，穩定人心。所謂「呷緊弄破碗」，聯合醫院會出現混亂，就是改革的步調太快，沒有接地氣的去了解基層員工的聲音。我深信遇到任何問題，事緩則圓，只要按部就班、循序漸進的去處理，通常都能有好的結果。很慶幸的是，我的「放慢」策略奏效，聯合醫院原本浮動的人心逐漸穩定下來，在和諧的氣氛中，大家也會比較願意接受我的領導。

5.
判斷組織氛圍公式：
1+1=0 或 3

三流的企業，人管人；二流的企業，制度管人；一流的企業，文化管人。

——佚名

　　領導者在被任命時，需先確定你的組織是在動蕩期或和平期，你必須回答三個問題：

1. 你的組織營運順暢？
2. 你待的是和諧的組織？
3. 90%的部門及同仁都專心於正職，而非臨時工作？

　　如果這三個問題的答案全部為「是」，這個組織極有可能在「和平期」。如此一來，協調和發展會占上風，你可輕鬆的向前邁進，並

有效的推動工作，你可有多餘的時間來思考未來。如果這些問題的任何兩個答案為「否」，那麼這個組織正在「動盪期」中，擔任領導者需要果斷的決策過程，工作量也會增加很多。

正確的文化、優良的策略計畫和確實的執行力，是任何組織成功的三部曲；然而，錯誤的文化永遠不可能產生正確的策略計畫！簡單的說，「文化戰勝策略」。

因此，領導者必須先充分了解組織文化，如果是正確的，就馬上著手規劃策略。萬一組織的文化有必要調整，就必須先改變文化，再進入策略規劃期。

身為領導者，要了解組織文化的影響因素有三個「T」：

1. **Talent**──人才，例如：人、人際關係。

2. **Treasure**──財產，例如：收入、捐贈等。

3. **Territory**──領土，例如：空間分配。

三個T當中，人才最重要，這是毫無疑問的。因為它攸關領導者工作的成功與否。

合作的文化會創造無私付出的精神

至於什麼文化最有助於創造出一項成功的策略計畫呢？受訪院長的答案中，最常見的文化目標是：合作，也可稱為包容性、互相尊重。組織的文化是合作，而不是內部惡性競爭，團隊合作被視為組織

是否能達到卓越的首選要素。成功的合作文化，最後會帶來的結果就是一種互相包容的「家庭」感受。在組織裡的所有人都會彼此尊重、信任、善良，並且無私付出。

我認為可以套入一個公式來判斷組織的合作氛圍，在這個公式裡，$1＋1 \neq 2$，而是$1＋1＝0$ 或3。團結合作的組織文化，$1＋1$就會變成「3」，若是有激烈的內鬥，那就等於「0」。

在合作之外，這些領導者試圖打造的組織文化目標依序還有：建立特殊臨床護理、創立獎學金、鼓勵創新和透明。值得注意的是，還有幾個耐人尋味的組織文化，包括：信任、責任、卓越、安全、服務與慈善事業。領導者會強調服務與慈善事業，抱持的想法是「要受到社會重視，組織成員必須對社會有所貢獻」。從患者轉診與慈善事業，可以評量組織是否受到社會重視。

接著，領導者的下一個挑戰是如何保持同仁進取的文化，以減少消極態度對團隊的影響。要成功完成此目標有以下建議：

1. **成立諮詢顧問團**：確定當前環境與文化對組織的影響，提供一個可行的轉型路線圖。

2. **建立自我肯定感**：藉由具體彰顯過去組織曾有的特殊成就，有助於完成你想在組織中建立的文化，這將有助於你的未來發展。可採取在組織內的空間或社區活動中展示海報的做法，並將巡迴展副本顯示在領導者辦公室。領導者在讚揚自己特別認可的文化時，也展現你意圖保持並持久建立該文化。

3. **為新成員安排認識組織文化的課程**：為了確保每一個新成員加入團隊都能夠加強文化而不是沖淡文化，建立組織文化成為新人培訓的重要部分。在新人上任的第一週內，舉辦一個為期兩天的培訓課程，講者包括院長和高階主管，以表示重視此事。

擔當力的王道

空降部隊成功落地的
三個要領

邱文祥

　　針對如何打造組織的文化，建立同仁合作的氛圍，以及如何產生互相包容的環境，是一個機構能夠成功的關鍵要素！我個人曾經有過一次切身經驗，在我空降臺北市立忠孝醫院擔任院長的時候，我取代的是一位從忠孝創院就在該院的同仁，他經歷了17年以後擔任了院長。突然間，因為長官需要組織改革，就要換掉他，由我來接任新的院長。而他並沒有跟我講這件事情的原委，只要我在一個禮拜之內去接任新職。

　　可想而知，這種空降部隊是如何困難。因此在我接任新任院長印信的時候，回頭看著在座的同仁，每個人對我都是不懷好意。因此我等於陷入一個非常嚴重的困境。我當然希望接任的醫院越來越好，但是因為它已有既有的文化，我如何改變呢？

　　我想用一個笑話來比喻，空降領導者就像空降部隊一樣，把握三個要領，才能成功落地。第一，你要快速且安全的降落。第二，安全著路後要趕快把傘收起來，自己躲起來、趴在地上不要動。我的經驗

是，在醫院這種複雜的機構，大概至少要靜待6個月的時間，仔細的觀察、溝通、協調。先讓不認識你的同仁了解你，經過了6個月以後，當你確定能取得同仁的信任後，再進行改革。

我在這個過程中曾經發生一件事，值得跟大家分享。我有一次在院區行走的時候，看到一位清潔的員工拉著推車，突然在轉彎的時候，車上的垃圾袋掉到地上。因為本性使然，我就出手幫她把垃圾袋搬上推車。當她看到是我的時候，顯露的驚訝表情，讓我知道她已經把我當朋友了。而能得到底層員工的這種認同，就是我未來是否能夠再造組織文化很重要的因素。果不其然，她就在同儕當中一直說這個新的院長一點架子都沒有，而且非常的和善。經過了6個月的時間，我慢慢和同仁建立了很好的關係。後續我就開始準備來改變這個醫院的文化。

因為我之所以願意空降到這個單位，並不是要這一個名位。我只是希望能夠幫助他們把組織變得更健全，營運變得更好，醫院做得更好，可以幫助更多的人。結果經過6個月以後，我就真正開始我的逐步改革，最後就在合作的氣氛下，忠孝院區日益進步，成功建立了漸凍人病房、泌尿外科中心、身心障礙牙科中心等等有意義的工作。我想這就是一個能有效改變組織文化，增加組織團結，有效完成工作一個非常好的實例。

6.
好的計畫一定會成功，
但領導者事必躬親的監督
是不智之舉

領袖知道未來方向，會指引出道路，並朝著目標有計畫的
執行。

——約翰・麥斯威爾（John C. Maxwell），領導學大師

　　領導者應界定如何執行核心任務及願景。利用每一次公開的機
會，對同仁清楚表達組織的使命、願景，以及解決問題的成功實例。
每個任務進度也都應清楚報告並記錄之，藉此建立領導文化的典範，
成功創造出一種氛圍，建立出同仁的自信心及自豪感。

　　一旦了解如何改變組織文化，也取得足夠的進展，表示制訂策略
計畫的時機已經成熟。策略計畫是組織發展的重要基礎，制訂的策略
計畫應該包含價值觀、組織的使命和願景。

策略計畫是一份可衡量、有指標根據的規畫，要詳盡列出為了達成願景的具體策略。一份清晰的策略計畫應該包含：

1. **主題**：針對組織的教育、研究、臨床和社區服務等等重要領域的願景。

2. **具體目標**：為每個主題制訂具體目標，利用可以衡量的里程碑來確定進展。

3. **可付諸行動的策略**：每項目標要有一套可付諸行動的策略支持，而這些策略又需由一套有具體指標根據的戰術支持。

4. **戰術**：戰術必須很詳細，因為魔鬼藏在細節裡。建立一個實際可行的任務，而且其預算和預期的成果是明確且需經過嚴格審評。可利用一個顏色標記圖表監測戰術的進展，比方說，以紅色代表「失敗」、黃色代表「未定」、綠色代表「完成」。

領導者不宜親自擔任直接監督者

在策略計畫發展的階段中，透明度是極為重要的，因為它是使人產生信任度最可靠的方法。

當然，好的計畫加上領導者全心投入，它一定會成功，但我要特別提醒的是：領導者事必躬親擔任監督者是不智之舉。

問卷中有位院長對組織的策略計畫就感嘆說：「計畫必須時常更新。而且為了讓計畫更具動力，我一直試圖要為所有的主題與目標建立衡量標準與指標。我眼前要克服的就是課程再造計畫。」有幾位院

長也主張，為了推進策略計畫，不斷檢討和調整是相當重要的。這是一個動態的過程，策略計畫可能每天或每週都會發生變化，因此它是每次內閣會議的重要主題。甚至，領導者的任務清單也要納入策略計畫中。

擔當力的王道

不親上火線
絕不是規避責任

邱文祥

　　關於透明度，我舉自己在 2010 年 9 月臨危受命擔任臺北副市長解決花博風暴的例子。當時是在臺北花博開幕前的 35 天。因為議員爆料說花博採購與種植的花和蔬果價格太貴，讓花博在開幕前夕就蒙上了陰霾。

　　我實際到現場查看時，很清楚其實花博已經準備得很好了，只是因為沒有好好展示給市民與媒體看，才引發眾人的疑慮與誤解。於是在擔任副市長的第二天我就邀請媒體到夢想館，當令人驚豔的電子花展示一曝光，整個團隊的壓力已經解除一半。

　　先前市府處理風暴的方式，就是官員親上火線，參加各 Call-In 節

目，為市府辯護，但我完全謝絕這些節目。對於人家質疑的聲音，我一般不會去解釋太多，因為解釋沒有用，你專心做好事情，人家就會看。遇到危機時，面對它、接受它、處理它，至關重要，這也是我的人生座右銘。況且當下不管作再多的解釋，給外界的感覺就是不客觀。因此當時採取的另一個最好方法，就是集結專家組成花博體檢顧問團，針對外界的質疑，以專業角度檢視、提出建言，透過客觀的第三者來說明真相。透明度是成功扭轉逆勢的關鍵。

組織的領導者也一定要關心組織裡面的重要策略計畫，但是因為這類的計畫常常需要更新，發展過程充滿變化，有時為了因應潮流，會有一段不如意的過程。也常常會有危機發生，所以如果領導者親上火線，有一個最大的隱憂就是：遇到小失敗的時候，你的信任度、說服力乃至領導力，馬上會受到影響。

這並不是要規避責任，但是當你越來越不受人信任的時候，如何擔任整個組織的領導者呢？因此好的策略計畫進行時，醫院院長應該指派一位副院長，擔任執行該計畫的主持人。你一定要時時監控，完全了解計畫進行的狀況。最重要的一點，如果計畫最後失敗了，好的領導者一定要讓同仁知道他是能負責任的人，不能把這種責任推給其他的人。

不宜親上火線，並不表示你永遠不需要上火線，只是強調在計畫執行之初，不要將自己暴露在容易受傷而讓計畫失敗的處境下。

7.

12週內讓人覺得
你是積極行動的領導者

我走得很慢，但從不後退。

——亞伯拉罕・林肯（Abraham Lincoln），第十六任美國總統

領導者剛上任時，要讓大家知道你必須有12週的過渡期，讓自己能夠評估與仔細研究。這會使同仁有一定程度的安全感，你也有時間和相關人士會面，更了解組織文化，完成你對組織的SWOT（優勢、劣勢、機會和威脅）分析。

根據和相關人士面談的內容，掌握有哪些現況問題必須立即修復（fix now）、盡快修復（fix soon）與稍遲修復（fix later）。在你上任後的第三個月先針對最簡單、破壞最小的「立即修復」問題採取行動，如此同仁就會把你當成一個積極行動的領導者。

在上任的前3個月期間,很多人都想討好新領導者。你應該參加所有的活動。你出席的首要重點就是透過致辭的機會,讓大家知道你很積極在了解組織與內部文化。你必須以最通俗的用辭,勾勒出積極的未來願景。

擔當力的王道

展現肩膀的領導者
對同仁是莫大鼓舞

邱文祥

新上任(尤其是外來者)時穩定人心,讓同仁對領導者的魄力和決斷力有信心,是非常重要的。我剛接任臺北市衛生局長時,自然而然想去了解基層,一次到士林區探望一名75歲、雙眼失明的老先生,看見他腳上都是瘀青,猜想他因為摸索行走絆倒。為了防止他再跌倒,我決定幫他在家中安裝扶手。可是一交辦命令,衛生局局內會計、總務主任討論了半天之後,先跟我說此事不可行,只說沒預算裝設扶手。

但我怎麼可能看著這名老先生繼續跌倒,我的個性很直接也果決,於是決定自掏腰包。沒想到我做了這個決定之後,不僅包商立刻將原先安裝扶手的費用降價,而且才過一天,局內會計就向我報告已

經找到可以支付這筆費用的預算項目了。

這件事讓我深刻體會到「事在人為」。一個領導者的意志和決心，會改變事情的結果。當我在探望中說出要為老先生安裝扶手時，同仁剛開始或許會以為我只是說說而已，可是當他們發現我意志堅定，態度也跟著逆轉，而且從沒有預算找到預算。

能夠以身作則、展現肩膀的領導者，對同仁來說是一大鼓舞，他們遇到困難時就不會立刻打退堂鼓，而是勇於去找出解決方法。

雖然世界上沒有完美的領導者，但是成功領導的核心必須要能展現肩膀，也要把紀律養成習慣。要做一個好領導者的條件裡，大家普遍都同意要講求紀律。但是講求紀律是什麼意思呢？對我們大多數的人來說，「紀律」這兩個字多少會讓人聯想到沒做好就會被懲罰。但是它真正的內涵並非如此。

我認為，紀律就是貫徹執行成功所需要的心態與行動。換言之，你的組織裡要有一種井然有序、能夠自動自發遵守規定的行為模式及文化。這種模式是自然自發的自制力，而且變成一個良好的習慣。

醫院常常發生醫療糾紛，這也常常是可以利用來觀察同仁如何建立領導力的機會。有些人在醫療糾紛一出現，馬上就將責任推得一乾二淨，還推給下屬。當然，事有對錯，可是千萬記住：領導者不要馬上想劃清界線，撇開責任。這種領導者完全沒有肩膀，他（她）也不可能會變成未來醫院、醫學院、學界、企業界的好領導者。

8.
謹慎說出：好主意、有趣、
讓我們進一步討論

良好的溝通來自於傾聽，利用自己語言表達關心，用簡短的
回應引導對方多說話，摘要式重點整理，發揮同理心去傾聽
對方的聲音。

——佚名

　　溝通會占滿領導者大多數的工作時間，但溝通永遠不嫌多。一致
性、透明度和真誠，是建立信譽與信任的重要元素。它們是領導者必
須深植於心、永遠不能妥協的核心價值。一旦遇到艱難時刻，這些價
值會助你渡過難關。

　　領導者要擁有幽默的能力，也必須謹慎小心選擇自己的用字遣
辭。同仁都是嚴正看待你的所有回覆。不過，我要提醒的是，你出口
的任何話，遭人誤解或未清楚理解，是常有之事。所以要特別小心以

下幾個用辭：好主意、有趣、讓我們進一步討論、想法新穎。有些人聽到這些話，會理解成「動手進行」、「舉雙手贊成」等肯定答案。此外，領導者給出的承諾要記得兌現。

擔當力的王道

要做到人和，不必鄉愿

邱文祥

多年的醫師生涯中，我深信溝通協調能力是一門大學問，也是一門藝術。身為醫師，每天都在和「人」打交道，溝通能力的優劣，往往決定醫病關係的好壞。因此醫學教育中一定要加上溝通課程，讓醫師學習如何和病人說話。尤其是要擔任臨危受命的空降主管，一定要懂得溝通協調，順利融進新環境，也和同仁克服難關。

在組織要推動任何計畫，如果對持反對意見的人一開始就採取強硬手段，一定有很多阻力。要學會放軟身段，多站在對方的角度思考，多釋出善意，秉持一切以大局為重的心態，積極尋求達成「共好雙贏」的方式。如此一來，才能贏人心、孚眾望，推行任何計畫也能無往不利。舉例來說，我曾計畫在臺北市成立府級「自殺防治中心」。一開始市政府各局處多半相應不理，反應很冷淡，因為他們

都認為自殺防治和自己單位的業務無關。經過反覆溝通協調、建立共識,再加上慢慢做出成效,大家的態度才開始改觀。

　　順便利用這個機會,講個小故事。當時自殺防治中心運作方式就是當有人自殺時,能夠迅速去救出他們。而現在很多人都是利用燒炭自殺,學理上一氧化碳中毒到死亡會有一段時間。一些想自殺的人心中往往是非常矛盾的,因此就會打電話給張老師或是自殺防治專線。我特別向自殺防治中心相關局處同仁說明其標準作業流程(SOP)就是:當專業的心理諮商師接到自殺電話,一定要好言相勸,拖延時間。我就先設計好一個黃色按鈕和紅色按鈕。當心理諮商人員判斷是真的會產生自殺行為時,就馬上按下黃色按鈕。此時消防及警察單位就會朝這支電話的位置移動。當心理諮商師聽到對方沒有反應的時候,表示事態嚴重了,就會按下紅色按鈕,指示消防單位同仁應該破門而入。

　　一開始做這個決定時,消防單位同仁完全不能接受。他們說這樣破門而入,是會被市民提告的。擔任自殺防治中心執行長的我只講了一句話:「如果這個破門而入而被告的話,我負完全責任。」大家看我態度極其堅定,也就願意配合照做。結果不久真的接獲燒炭尋短報案了,當我們的消防局同仁破門而入時,新鮮的空氣就進入房子,燒炭產生的一氧化碳自然慢慢被稀釋。很好笑的是,當自殺者慢慢甦醒,第一個衝入現場、背著自殺者離開的消防人員,這時臉上露出驕

傲的表情。那個表情，我到現在都還記得。這名消防局同仁說他長年在火場救人，也很少能夠真的救出活人。自從此事發生以後，每個消防同仁都搶著去破門而入。結果那一年竟然有約80個一氧化碳中毒的人被我們自殺防治中心的人破門而入，因而挽回寶貴的生命。

能夠人和，做事才會圓滿。我認為，要做到人和，不必鄉愿、討好每一個人，你仍然可以維持自己的本色，但是不要怕吃虧，也不要計較得失，只要你是真心付出，就算不是人人都領情，還是會有人感受到你的心意，願意相信你、支持你，成為你的朋友。

溝通協調能力是領導者非常重要的特質。許多卓越的領導者都有一個共同點，清楚自己的優缺點，也清楚自己在私人領域與專業領域上所追求的重要目標及人生價值。你能夠了解自己的強項及缺點，才更能發揮自己的領導潛能。換言之，好的領導者在處理事情的過程是會自我調整與進步的。這個心理調整訓練的過程中，你可以了解自己必須改掉哪些會阻礙成功的壞習慣，同時你也發現哪些好習慣會幫助自己達成目標。

有一種方法可以讓你進步。首先，你要回想過去成功和失敗的經驗，完全弄清楚事發的原因，以及你要如何去改變。從一個失敗的經驗中學習，你會得到了不一樣的體認，避免下次再發生類似的事情。要讓個人的改變能夠持久及不斷成長，你也必須時時審視自己目前的狀況；自我檢討的時候也可以和你的同儕檢討，因為這是一個團隊的

事情。

　　透過這種方法為自己的溝通協調能力打好基礎功之後，領導者還要讓同仁、與組織相關的人士能夠想像出未來組織將變成的樣貌、想像你的未來是什麼樣的人。換句話說，就是一個「能夠達到目標，感覺出人生的自在及勝利」的樣貌。如果你想有這種感覺，更需要溝通協調。

　　領導者在溝通協調上的最佳對策，就是誠信；誠信會界定我們本質是怎麼樣的人。有三種方式教你如何成為一個有誠信的人。第一，誠實面對自己的錯誤，一定要承認錯誤，深切檢討，避免下次再發生。第二，要把誠信當作座右銘，如果你需要溝通，最重要的事情就是真相。第三，誠信基本上是改變的加速器，而且一定要從你本身做起。任何危機都是考驗你內在智慧、自律與誠信的時刻。

　　事實上，一個好的領導者，有一個非常重要的習慣，而它是可以學習的。就是多聽少說。毫無疑問的，領導者都喜歡說話，但偉大的領導者很清楚必須有效管理，且能抑制自己想說話的欲望，製造出多聽少說的黃金機會。身為領導者，當會議決議已成，你即使不說話，你也要負責，並能夠回答所有的問題。當你需要說的時候，要能說出有吸引力與啟發力的話，也要訓練出話不多、卻能提出一針見血問題的能力。

達成「共好雙贏」的溝通心法

☐ 抱持同理心，多站在對方的角度思考，多釋出善意。

☐ 以誠意消弭不友善，傳達出「我是來和大家做朋友、幫助大家」的訊息。

☐ 展現尊重，以禮相待。

☐ 對於不友善，盡量包容。

☐ 放軟與放低身段。

☐ 時而動之以情，時而以退為進，耐心說服。

☐ 遇到質疑，不多加辯解。

9.
有效率的會議
是進展的基石

一場成功的會議就是一個團隊走向成功的分水嶺。

——佚名

領導者最常與人溝通的方式，就是透過會議。開會被許多人視為「必要之惡」，因為它們可以耗掉你所有清醒的時間，並可能減少你進行創意思考或深思願景的時間。管控開會的次數與會議內容，是有效率會議的精髓。

會議在性質上有三種類型：垂直向上、平行關係、垂直向下。

1. **垂直向上**：開會溝通的對象是你的直屬上司，例如：董事會主席、老闆。一對一會見直屬上司的會議大多1～2週一次。在問卷中，許多院長表示，他們與直屬上司的關係相當密切，多做互動可以建立夥伴與互助的關係，因為這培養人與人相互的信任。

2. **平行關係**：是你和幕僚或領導團隊的會議。這類會議有不同頻率，在問卷調查中，大多數院長表示會和辦公室的主要領導每週見面。院長可能會見醫院執行長，並與院長辦公室行政人員舉行策略會議，頻率大多為每週或每兩週一次，人數通常為5或6個人，他們都是可信任、謹慎、合作，且戮力成功的同仁。

3. **垂直向下**：開會對象是中心主任、臨床主任等人。這些會議多由院長室設置議程和分配時間，一般在院長辦公室內。有位院長也建議：沒有事先了解議程，千萬不要參加會議。不足為奇的是，許多院長指出，他們和各主任的會議都有一個條理清楚的議程。舉例來說，在大主題之下建置議題清單，包含預算、策略規畫、管理問題或以前已決定的結論，甚至細分到主任和院長互動的問題。

靈活安排開會緩衝時間

　　一般情況下，一次會議的時間可以是15、30或60分鐘。然而，如果你忙了一天，沒有多餘的時間開會，或是接二連三的會議，可能造成你的上一場和下一場會議當中沒有多餘的緩衝時間，而且一天下來，你還會累積許多待處理的電子或書面的「重點筆記」。

　　有位院長提出一個聰明的解決方案：針對「半小時」的會議安排10分鐘的緩衝時間，針對「1小時」的會議安排20分鐘的緩衝時間。在這段時間中，你可以發送與會議相關的電子郵件、回顧自己的筆記、接收其他電子郵件或了解其他業務的最新進度，而且你在兩個

會議之間始終會有10至20分鐘的緩衝時間。

　　你需要細心的行政助理幫助你掌握時間，他（她）會敲你的門或打電話提醒，讓你在兩個會議之間獲取一些多餘時間，也確保能準時參加每一場會議。

遵守會議禮儀

　　由會議禮儀可以看出一個組織在專業度與投入程度的水準。有些出席者可能在開會時使用手機、平板電腦或筆記型電腦，寄送電子郵件、簡訊、發推文、瀏覽網頁、在臉書上貼文、訂票，甚至有位問卷受訪的院長指出，開會期間還有出席者在玩對打的電子遊戲。

　　幾個院長試圖在會議期間限制使用手機或電腦。事實上，許多院長均支持會議中實施「電子禁令」。會議期間使用這些設備，是無禮的行為，會讓開會達不到預期目的。一位院長的觀察指出：「身在會議室的人，心思放在開會上的，大約只有80%。」

　　然而，針對這一點更應該嚴正審視的問題是：會議的存在是要讓人互動討論。忙著滑手機、使用電腦的人是心不在焉。對這些人來說，究竟是這些會議沒必要呢？還是這些會議，不需要這些人參與？因此，值得考慮誰是會議不可或缺的人，以及哪些人可以不必出席。

　　領導者可以和同仁坦率的討論會議中使用電子設備的問題，進而商議出一個彼此都認同的開會使用電子設備的守則。身為領導者，更必須以身作則，如果你在開會中總是在看自己的手機或電腦螢幕，其

他出席者也會這樣做。如果你在會議中接電話，旁人也會仿效。

想讓電子設備不打擾開會，你或許可以考慮讓資訊部門創建一間或兩間無資訊干擾的會議室，封鎖這些會議室的網路連線和手機收訊。開會的時候，大家使用筆記本或黑板記錄討論細節，會議之後由一名行政助理以拍照或掃描的方式存檔，再發送給院長下載、審查與留檔。

擔當力的王道

開會不是照本宣科、
重複看資料的時刻

專家
領路

邱文祥

開會幾乎是任何組織無可避免的事情，但是要如何開出有效率、節省時間，且結論能夠執行的會議，卻需要極高的智慧及經驗。幾個重要的因素是決定開會是否成功的重大關鍵。

開會前，所有與會者應該要已收到開會資料，且一定要養成習慣，利用3到5分鐘思考這一次開會的主軸。因此祕書務必事前要將

會議重要的討論事項及背景給所有與會者，並提醒與會者，主席的風格是不會照本宣科，浪費時間的。

主持人一開始時，要詢問與會者是否了解開會目的及基本資訊，可以省下約15至30分鐘的時間。會議的開頭請與會者對上次決議之事及其執行情形充分發表意見，主持會議的人千萬不要一開始就表達自己的意見，尤其你是領導者時，這樣做會讓大家不敢暢所欲言，那就失去開會的真正目的。你也要營造出一個尊重發言的環境，即使有爭執也是針對事情，千萬不要人身攻擊。

一般的會議就是針對重大的事件，大約2個小時之內也應該可以完成。要切記：會議室是讓大家腦力激盪、追求美好及未來最好的時間，不是照本宣科、重複看資料的時刻，因為這些事都可以在開會前或開會後，利用電子文件充分傳達。

當開會有具體的結論時，針對會議紀錄我有一個很好的方法供大家參考。因為現在的行政助理打字速度都很快，可以在短時間內把所有的會議決議在結束前打完，以後再一起修正文字，最後請大家做確認，大家簽名完就是正式會議紀錄，既省時又省事，一開完會就可以馬上行動，不必再等會議紀錄。下次會議開始就不需要再確認上次會議紀錄，直接進行到執行事項及問題解決議程（problem solving issue）。

10.
理由充分、清楚說明的
電子郵件都可能被斷章取義

涙水永遠不可能沾濕電子郵件。

　　——喬賽・薩拉馬戈（José Saramago），諾貝爾文學獎得主

　　無論你是不是對電腦一竅不通，都必須接受數位時代已經來臨。你最好擁抱它，因為抗拒它，將會切斷你和絕大多數同仁和年輕世代的聯絡。然而，不管是數位原住民或數位移民，要面臨的問題都是管理各種應接不暇的電子通訊。

　　對於不時會分散注意力的電子郵件，我比喻它們就像一群發出嗡嗡聲的蚊子，尤其如果你還使用新郵件到達發出音效時。有些領導者會由行政助理專門審查郵件，先剔除不必要的訊息。

　　電子郵件有四個不同的操作要點：

1. **刪除**：擺脫掉此訊息。

2. **確認**：開會通知，或是報告一項任務已經完成。針對這些電子郵件的回應，簡單的幾個字就足夠了，例如：完美、繼續、好、是的、謝謝你、理解，或是笑臉表情符號，這也可以節省收件者的時間。

3. **行動**：這類電子郵件通常需要幾個句子來答覆，例如：請與辦公室助理聯絡、安排一次會議。

4. **檔案**：這種類型的電子郵件需要更多思考和更長時間來回覆，例如：審查文稿、推薦信。這類的電子郵件初期可先簡短回覆，再「標記」後做更多的思考，或者選取「紅色小旗」，為郵件加上標幟，表示你尚未做出反應；這種視覺提示會讓你留意這封電子郵件尚待處理。另外，你可以列印郵件內容，或是將它添加到「待辦事項」清單中，提醒你不要忘記它。你還可以將回覆先存在「草稿匣」。碰到要回覆令人不安或敏感的電子郵件，建議採取先存放在「草稿匣」的方式處理，特別有益處。

處理像九頭蛇的電子郵件

電子郵件也像古希臘神話裡斬去一頭會生出兩頭的「九頭蛇」（Lernaean Hydra），當你回覆一封郵件，隨後就會衍生出更多的郵件。想避免這種困擾，以下有幾項重要建議：

1. **沒必要回覆每一封郵件**：有位院長明智的認為：「你不需要回答每一個問題。」可以多花時間琢磨，確保你的回覆是周到的。

2. **電子郵件是一條單行道，你不能回頭**：雖然郵件軟體讓你可以「回

收」郵件，可是收件人若已接收，該郵件就會留在他們的收件匣中。有一個方法可以避免發送出思慮不周、忘記附加「檔案」的電子郵件：設定「離線工作」。這時你發送的每一封電子郵件都會先轉到「寄件匣」，但尚未傳送給收件人。等到回覆的郵件達十封之後，你再到「寄件匣」檢查或編輯前幾封暫存的郵件。確認過後再重新連線，發送全部的郵件。

3. **電子郵件不是乒乓球**：如果往返的電子郵件達到三封，請考慮針對該主題安排開會時間，或是以電話直接討論。

4. **電子郵件不是五級火警的大火**：電子郵件的回覆沒有急到要在搭電梯、開車時立刻傳送出去。可以排出特定的時間回應電子郵件，然後在沒有電子干擾之下專心處理事情。等到你查看電子郵件時，就會驚訝很多電子郵件根本不需要回覆。

電子郵件沒有機密可言

不論再怎麼謹慎小心，電子郵件就是公開的，永遠沒有機密可言。哪怕你只發送給一個人。雖然收到的郵件顯示的收件人似乎只有你，但你不知道誰已列入密件副本中。因此，所有的郵件都應該當成它們好像被張貼在公布欄上。認清這項事實，就要謹記以下幾件事：

1. 絕不憤怒回應電子郵件！

2. 回應有道理，且回應內容具體。

3. 萬一情緒真的控制不住，盡快寫下你第一時間的反應，然後暫放在「草稿匣」中。放在草稿匣至少48小時，重讀與修改後再寄出。

4. 電子郵件永遠不帶幽默感。因為它沒有調性、無法分出細微差異，又沒有肢體語言輔助，所以你的幽默感在電子郵件的幾行訊息中實在沒有太大作用。失敗的口語笑話可能成為糟糕的電子郵件。

5. 在一封電子郵件中避免負面言論，稱許的言論最好用書寫的，批評的話最好用說的！無論你的回應多正確，某些負面電子郵件仍會困擾你，而且理由充分的電子郵件都可能被斷章取義。有位院長建議：「在發送信件之前始終要確認自己的語氣是和善的，並檢查每則訊息的正確性。」

擔當力的王道

智慧的善用數位媒體，
別被操縱

專家
領路

邱文祥

　　現在已經是一個資訊科技完全控制社會運作的年代。任何一個領導者，都應該要能夠與時俱進，要能夠以開放的心接納新穎的通訊及社群媒體。但是就誠如克萊曼教授所說的，這種溝通方式雖然方便，但它是一刀的兩刃。一不小心就會產生非常嚴重的副作用。尤其是身居高位的領導者，如果網路媒體上發出一個不恰當的訊息，一定會被放大解釋，並且廣為流傳，事後完全無法減少其破壞力。

　　因此我個人建議在使用網路媒體時，所有的用字遣辭應該要非常謹慎，字字斟酌。如果訊息不是很急的，可以先放到草稿裡面。然後每天有一個固定的時間，用平靜的心來處理各種訊息、郵件及社群消息。如果是很緊急的訊息，需要馬上回應時，那更是需要找一個安靜的時刻，有時甚至要找你的幕僚一起來討論如何回應。

　　現代人最大的一個困境，就是大多受網路媒體操縱。你看在街上幾乎每一個人都在滑手機，習慣性滑手機已經成為現在社會普遍的一種上癮現象。大家已經沒有安靜的時間來思考長遠的問題。建議可以

在固定的時間做回應訊息及電子郵件的工作。每天挪出一定時間，哪怕是半個小時來避開網路媒體的騷擾。任何一個領導者要養成一個好習慣，聰明且有智慧的善用通訊軟體和社群媒體，而不是被它們操縱。尤其是現在充斥著很多假新聞，你如果一發現有些對你的單位有負面消息時，你應該利用專門的公關單位來判斷其真偽，並且要隨時迅速啟動危機處理機制，所謂最好的危機處理就是不讓危機發生，一旦危機發生了，也要迅速把危機變成轉機。

10.理由充分、清楚説明的電子郵件
   都可能被斷章取義

[第 4～ 6 週]

Part 2

使命
有溫度且能持續發光的管理

管理是領導者的使命。成功與卓越的領導者,一定要具備有效的人才管理策略。如何找對人,以免日後痛苦開除人呢?萬一必須決定員工去留時,有哪些評估標準與權衡協調的對策,可以降低衝擊,達到你要留住優秀或辭退怠惰員工的目標呢?

幕僚人員會形塑出領導者的風格及樣貌

不要忽視內升的重要性，更別低估錯誤內升的嚴重性

演講能力不等同於手術能力

在快樂平順的日子裡，也會有一半的人對你不滿

小心與妥善處理謠言，才能避免失去有價值的員工

開除一名主管是我個人最大的失敗

有效能的360度績效評估制度

11.
幕僚人員會形塑出
領導者的風格及樣貌

所有助理都應該懷有當領導者的願景，如此他們才會想要學習和
成長。

——麥克·薛塞斯基（Mike Krzyzewski），杜克大學籃球隊總教練

　　對領導者來說，在自己辦公室專職的人相當重要，他們可說是你
的「後盾」團隊。比方說，雇用與留住一名有經驗、優秀的個人助
理，就是極為重要的事，這絕對會攸關你及團隊的成敗。因此在尋求
和雇用這個人時，你要不惜代價。你可以先透過「臨時」約聘或借調
的方法，直到你找到真正優秀的助理為止。雖然這種做法付出的代價
不菲，但一個傑出能幹的助理，可以大幅減輕你的負擔，所以這是值
得的投資，更要全力留住這名助理。

　　在美國和加拿大，有一個組織名為「院長行政助理團體」

（DAG，The Dean's Assistants Group），成員都是在醫學院、醫院院長辦公室擔任行政工作的助理。在問卷中，有一名院長就指出，他發現每年讓助理去參加這類機構提供的活動與交流，可以培養與加強專業、人脈，對他們也是很好的獎勵。

　　我要提醒的是，領導者剛上任時，很可能要留用前任的助理。在接下來的兩個月，你必須判斷這個人是否和你擁有共同的「文化」見解，對你的領導風格是否反應良好，藉此決定是否繼續任用。

　　在領導者辦公室裡，除了個人助理之外，一定要雇用到傑出的機要祕書、幕僚長、總幹事，他們也能為你吸引到優秀的人才。在領導者辦公室任職的人，必須有能力、負責任與全心投入，他們會形塑出領導者的特殊風格及樣貌。對於成功的發展出領導者期許的組織文化，他們更是重要推手。

使命力的王道

有磁吸引的幕僚
會引來一起向上提升的人

邱文祥

　　幕僚人員會形塑出領導者的風格及樣貌，這一觀點，我與克萊曼教授有完全相同的看法。在領導者的辦公室裡的成員，如果能形成一個團隊，大家誠心合作，同心協力執行任務，享有相似價值觀，相同願景。這個要素，決定了這個領導者是否能成就更大事業、領導更大團隊，包括大學、醫院乃至其他的團體。

　　另外一個最重要因素，就是這一群人的組合中，必須要有特殊安排，要各有專長。重要的是，如何能包含不同個性、不同背景。而且要求甚高的這一群人須形成衷心合作的家庭。好的領導者就是能夠吸引一群與他（她）不同意見的人一起工作，一起討論，一起爭執，一起進步。對那些提出負面乃至批評意見的人，他（她）也不怕會被秋後算帳。

　　選才時，人類社會常常用智商來評斷一個人的未來發展潛力，但是你必須了解，在評斷一個人的各種評量方式中，智商只是一種比較實際的方式而已。若僅用一、兩個小時做出的一次測驗，就來判斷誰比較聰明，一定不太正確，而且必然有其限制性。選擇領導者型的

幕僚，會形成加乘的力量，我們可以稱為「天才的磁鐵」（Genius Magnet）。換言之，他（她）能夠像磁鐵一樣，吸引各式各樣的人和你合作，而且一起向上提升。

所謂具有磁吸引的領導者，會營造出一個專注的環境（intensive environment），而不是壓力的環境（tensive environment）。在這種環境下，腦力激盪及討論都會變得非常有效率、有效果，而且有啟發性！在你的辦公室工作的同仁會因此互相激勵。但要記住：你仍然是領導者。如果你是採取下壓式管控方式，你的辦公室工作同仁就會在一個緊張且具壓力的環境下，那他們的表現一定會被壓抑。磁吸引領導者的環境中，不會有圍牆，也沒有階級制度。

總而言之，領導者要鼓勵自己的屬下成長，甚至可以鼓勵他們離開（如果有好的機會的話）。因為他們的離開，將會讓你團隊的力量延伸。而他們離開後的成功表現，將會是讓你的團隊未來能吸引更多優秀的人加入的最大誘因。

12.
不要忽視內升的重要性，
更別低估錯誤內升的嚴重性

人才者，求之者愈出，置之則愈匱。

——魏源，清代啟蒙思想家

　　在美國的醫學院和醫院，尋找優秀人才填補系主任或中心主任的職缺時，成立一個有效且團結的遴選委員會（search committee）至關重要。在遴選委員會裡，應包括候選人相關領域的主管。比方說，徵才職缺是神經外科主任，委員會成員就應該有神經內科主任、基礎神經學科主任。同樣的，如果徵才對象是基礎學系主任，臨床部門的主任應加入委員會。

　　遴選委員會通常不超過7個成員，但有些組織的遴選委員會多達10名成員。這些成員最重要的就是能夠互相合作、理性、公正與周

到，如此尋才就容易成功。也有遴選委員會只讓7名成員有表決權，再任命幾名當然委員（例如：社區成員、醫學生、教員）。

切記：專業遴選委員會的組成應該包括下列成員：隸屬醫院（尤其是退伍軍人醫院）的醫院首長，例如：營運長、策略長，以及相關領域的主管、民間社會公正人士。此外，有些組織的做法會考慮邀請其他領域的人擔任遴選委員會成員，例如：針對婦科主任的徵才，成員可以包括泌尿外科或家庭醫學專家。其他潛在的委員會成員，可由醫學教育委員會、醫科學生、研究員代表及社區醫生代表組成。

遴選成功的關鍵在於給予完全自由裁量權，因為你可能受其他委員影響。所有的遴選委員會都需要由不同性別和種族或民族組成。問卷中，有位受訪院長指出，在他們的組織裡，遴選委員會總是會有一名女性擔任主席或副主席。成員多樣化可以增加委員會的公正性。

監督遴選委員會的八個步驟

領導者可以透過八個步驟監督遴選委員的選才：

1. **強調對遴選工作的慎重態度**：每位遴選委員會成員都必須明白你相當重視此事，並知道你很感激他們對組織的貢獻。委員會至少每兩個星期召開一次會議，而且未來6個月的會議日期都應提前確定。委員會的成員萬一都沒辦法參加這些會議，或是不適任，就要馬上更換其他人。委員會主席和成員每月的接觸很重要。沒有慎重對待這項工作，遴選就註定無法成功。

2. **保密要求**：成員必須知道和遴選相關的任何資料、會議過程都應該「完全保密」。問題是要保密到什麼程度呢？在這方面，有15%的院長認為，所有遴選委員的成員都必須簽署保密聲明。領導者一旦採取這種做法就不能妥協，任何人拒絕簽署保密聲明或違反保密協定，就解除其委員職務。

3. **擬訂遴選的計畫流程**：針對第一次面試與隨後面試的次數和格式、擬訂好時間表、預計要向院長呈報的候選人數等，遴選委員都必須有詳細的說明計畫。遴選委員會第一次可能會安排面試5至8名候選人，如果候選人數為7至15人時，很多委員會就選擇在機場等地方做非正式的面試，或是透過Skype等通訊軟體面試。從第一次面試中可剔除一些不感興趣的人。第二次的面試可包括候選人的配偶及家庭成員。絕對不能忽略他們的配偶、（尤其是）家庭的特別需要，例如：適合他們孩子的學校、年邁父母的照顧。

4. **提出時間表**：遴選委員會的任務中，領導者必須定一個明確的時間表（通常是 6 個月）。

5. **遴選委員必須了解正在徵才的部門**：遴選委員會必須了解負責尋找新主任部門的文化及歷史。領導者要鼓勵委員會的主席、成員與該部門的員工溝通，以增加彼此了解。

6. **多元化培訓**：遴選委員首先需要在識人與避免偏見上進行基本培訓，一般大學院校副教務長可負責此事。

7. **提出候選人**：遴選委員會向領導者呈報候選人名單時，建議按照

英文字母的順序列出。非常重要的是，名單不能採取「順位」的排序方式。因為萬一名單曝光，候選人都不樂意見到自己不是第一人選。一旦曝露候選人的排名，遴選委員會立即解散。

8. **行政援助**：分派行政人力支援遴選委員會至為重要，建議院長辦公室的行政工作人員可直接協助委員會主席。這安排可以確保後續協調及整合機制。建議由院長辦公室的專任祕書護送每位抵達的候選人，以確保他們的每場面試皆能準時到場。院長辦公室行政人員先與候選人直接接觸有兩個好處：（1）可以提供與候選人直接接觸後的寶貴見解，例如：時間觀念、體力狀況、組織能力等。（2）提供候選人對組織的美好體驗，即使他們未當選，日後仍會因為曾經受到良好接待而成為組織的宣傳者。

找到優秀人才的實用方法

要找到合適的部門或中心的主任，領導者一定要親自參與。有些院長指出：「經驗告訴我，透過廣告等被動的做法是找不到優秀人才的。」

以下是找出優秀人才的實用方法：

1. **由組織內部員工中產生候選人**：部門代表可向遴選委員會提供可能的內部候選人名單，並說明為何建議此人的理由。

2. **不要忽視「內升」的重要性**：事實上，如果內部人員有能力成為下一屆的主任，你應該考慮委任該人為臨時主任。如果有一個強有力

的內部候選人，你真的可考慮不必成立遴選委員會，先看看這個人擔任 6 個月臨時主任的表現，你和同仁是否滿意。

3. **「藍帶委員會」（Blue Ribbon Committee）評估**：領導層換屆的過渡期，是你對該部門做外部深入審查的最佳時機。成立藍帶委員會時，通常邀請兩名該學科全國級外來的頂級主任來審查你的部門狀況和財務報表，然後親自來到組織採訪利益相關者。然後他們會準備SWOT（優勢、劣勢、機會和威脅）分析。此外，根據他們的分析向組織提供適合的部門主任人選。由於評估人要提出優質的報告往往需要投入相當多的時間和思考，因此這應該是有償的諮詢，且這費用遠比利用人力公司或獵人頭公司的要價便宜。

4. **尋找有潛質的候選人**：院長應該親身打電話給前10名特定學科的候選人，詢問他們一些問題，可以協助你思考誰可成為領導者。打電話後可能會剩下大約5個潛在候選人，但他們有可能不會提出應徵主任的申請，但一般經常會很高興的參加第一次面試。

5. **尋找多樣性候選人**：指派副院長負責為你提供2個或3個潛在且具多樣性的候選人。你也可在期刊中刊登徵人廣告，或透過學術團體去尋找。

6. **利用現有的候選人才庫**：先探聽出哪些優良醫學院與醫院過去6至12個月內已完成主任遴選。聯繫他們的院長，詢問是否願意分享候選人名單。

透過人力公司尋才

尋找候選人也可利用人力公司或獵人頭公司。問卷中，有27%的院長向來都是利用人力公司尋才，但也有19%從來不透過人力公司。絕大多數的院長透過人力公司尋才都是視需要而定。透過人力公司的費用平均約25萬至30萬美元。然而，有人就表示：「使用人力公司會添加巨大價值。」透過人力公司尋才的原因包括：

1. 第一次尋才失敗後。

2. 組織內部幾乎無人應徵某職位，例如：資訊長。

3. 為了增加候選人的多樣性。

4. 組織內部在徵才工作上無法提供額外的行政支援。

5. 組織內部缺乏具競爭力的候選人。

6. 組織內部派系鬥爭。

多位院長表示對獵人頭公司非常失望，原因是他們收取高昂的費用和經常產生令人失望的結果。有院長就表示：「人力公司可能會為我們帶來不適任的候選人，無法與組織的文化契合。」為了避免這類結果，絕大多數人都會建議多評估幾家人力公司。

重新尋才勝過雇用不適任者

尋才失敗之後要重新再來，這是困擾每個領導者的大問題。當尋才失敗時，領導者應該以幾個問題評估遴選委員會：

1. 是否已付出足夠的努力？

2. 委員會是否定期召開會議？

3. 尋人活動運行順利嗎？

4. 是否需要更換委員會的成員與主席？

　　在最後的分析中，一定要強調卓越結果絕對高於權宜之計。事實上，重新尋才或長時間的臨時主任，都比雇用一個不適任的人更好。這個過程有時可能需要一年或兩年。

使命力的王道

封閉的徵才方式，
對發展有深遠的不良影響

**專家
領路**

邱文祥

　　臺灣與美國的醫院、醫學院徵才的方式，差別是非常大的。臺灣
因為醫學院派系的關係，大部分都是自己醫學院畢業的學生進到自己
的附設醫院或是有關係的醫院。而美國則完全相反，他們很少有醫師
會留在自己畢業的醫學院附設醫院。他們都會到其他地方，因為他們
認為這樣才可以學到更多的東西。

　　近幾年來因為臺灣有畢業後醫學教育（Post Graduation
System）的制度，醫學教育也由七年變成六年以後，臺灣醫學教育
有明顯的改變。很多醫學院畢業生就會選擇到非母校的附設醫院，去
做畢業後一般醫學教育（PGY，post-graduate year）。那自然而
然，再去申請住院醫師時就比較有多樣性。

　　這也是臺灣醫界這幾年來比較好的一個現象。如果醫學教育完全
採取封閉及不開放的方式來錄用住院醫師，畢竟對整個醫學教育的發
展，及醫院的發展會有深遠的不良影響！但是因為派系風氣積習已
深，對新進同仁而言，心裡一定會有疑慮：「是否我不是主流而受到

排擠？」此時很重要的是，領導者要建立一種文化，一種一視同仁的文化，一種用人唯才的文化，一種團隊合作為重的文化。消除心理障礙，建立能以未來發展為重的基礎共識，自然日後可以吸引到不同背景、不同學校的優秀人才。

13.
演講能力不等同於手術能力

在招募人才方面，有一條不能違背的黃金法則：職缺急迫性
沒有重要到可以對人才素質讓步。

——艾力克・施密特（Eric Schmidt），Google前執行長

在醫院，如果招聘一名外科部門的主任，一定要詢問麻醉科主
管、首席手術室護理師和首席刷手護理師。你很快就會了解這個人的
手術能力，以及他們的領導和管理的風格，比方說，氣質、守時、教
學能力、抗壓力、手術技巧等。擔任外科領導的一個關鍵問題是，這
個人是否會做手術。切記：演講能力不等同於手術能力。

如何確保找到合適的人選

記住！找對人之後就不必痛苦的開除人。雇用全新的主管，是能

真正影響組織文化的一個好機會。在這方面,可以採取以下幾個步驟確認候選人是否適合。

1. **親自打電話(絕對必要)**:你應該親自打電話給入圍的2個至4個人。另外還可以詢問他們的導師或上司、2個同事和2個學生。你可以用一套標準化的問題並記錄答案。在通話過程中,你會了解到許多候選人在面試時無法由推薦信或互動中獲得的訊息。有些人會讓你知道候選人是否已經能夠適任主管。

2. **撥打更多的電話**:打電話給候選人之前工作過單位的院長或上司。就像有位院長表示,這些人不會「隱瞞」想要該候選人離開的念頭,以此推斷候選人現任的上司是否可能會留人。如果候選人反對你打電話詢問他們過去或現在的同事,你就必須將它視為明確的警訊。雖然人不可能都和每一個人和平共處,但如果該候選人的負面評價過多時,你就要提高警覺。萬一候選人以保密的理由制止你撥電話詢問,也請謹慎小心處理。

3. **再打更多的電話**:你可以聯繫辦公室的護理師或候選人的下屬(例如:行政助理)、曾與候選人密切合作過的人。你要盡可能的尋找資訊,了解得越多就能夠得到更好的選擇。

4. **實地造訪候選人的工作場所**:領導者應該實地造訪候選人的工作場所,參觀他們的辦公室、實驗室、臨床設施和手術室,或會見其實驗室的工作人員、護理師。在問卷中,有一半的院長從來沒有這樣做,而另一半的院長認為招聘是組織的大事,要投入全力,因此他

們會這樣做。實地造訪候選人的工作場所，缺點是：花費時間、潛在的入圍者也會感到不舒服。但另一方面，這種做法是表明你對候選人的慎重與尊敬，同時讓你更了解候選人的工作狀況，確認候選人所說的成就和效率是否屬實，也可以更加了解他們的管理風格和個人特質。

5. **最後的面試**：成員應包括醫院領導階層、教務處領導和相關部門的主管（例如：候選人如為神經外科主任，面試者就要包括神經學系主任和骨科主任）。要盡可能的廣泛支援候選人的招聘。讓候選人盡可能多多造訪部門的工作者，這對每個人都有利，也有助於建立聘雇這名候選人的共識。最後，就是在候選人造訪組織時進行「暗中探訪」（hidden interview），與每名候選人互動中就近觀察他們，看其回應壓力的能力，尤其是他們的風度及遠見。

訪問入圍候選人與參考人的問卷格式

1. 受訪者姓名：

2. 職位名稱與工作地點：

3. 你和候選人的關係（上司、主管、同事或是學生）？

4. 你認識這位候選人多久了？

5. 你最後一次跟候選人接觸的時間？

6. 你現在還跟候選人一起工作嗎？

7. 你很了解這位候選人嗎？

8. 你相信這位候選人有能力，且有經驗及有足夠人際關係的處理技巧領導一個部門嗎？

9. 這位候選人是什麼類型的決策者？

10. 你如何界定這位候選人的領導風格？

11. 這位候選人最大的長處是什麼？

12. 這位候選人最大的弱點是什麼 ？

13. 當這位候選人成為你部門的領導時，你覺得他會遇到最大的困難是什麼？

14. 你有沒有見過這位候選人和你的同仁有極為激烈的衝突？那他的表現如何？

15. 你覺得這位候選人在你的組織最好的表現是什麼？

16. 你相信這位候選人有決心和毅力可以給予這個部門正面的力量嗎？

17. 如果你是院長，你也了解這個候選人，你會雇用他擔任一個忙碌又極具挑戰性的部門主管嗎？

使命力的王道

有技巧的探訪，
別讓候選人有被羞辱的感覺

專家領路

邱文祥

　　克萊曼教授的電訪提問清單，非常清楚與簡要，容易回答而且極具參考性。建議領導者日後如果要任用主管（不論其階級高低）皆可用來參考。但是在臺灣的社會中，詢問這些問題之前往往自己要先思考如何進行比較恰當。對於你要提問的對象，你也必須要很有把握，確認是你非常熟識的人。換言之，你要確定對方會講真話。萬一是不熟的人，建議不宜直接詢問。不妨找他（她）信任的人有技巧的間接探訪。因為有時候，受訪的人會把你的問題傳給候選人。這對你是極其不利的，尤其是當這個候選人最後如果沒有被錄用，他（她）會有被羞辱的感覺。

　　此外，在臺灣的學界及醫界比起美國社會，派系的分野更為明顯。因為在美國社會裡，人才常常流動，雖然形成派系在所難免，但對峙畢竟沒那麼尖銳。而臺灣的一流頂尖大學或醫院，優秀的人才往往不移動。若有移動幾乎都是內部衝突引起，那麼你錄用的人即使再優秀，但是他（她）很可能就是與原單位同仁的相處極為不和睦。這

時你就會變成原單位的一個攻擊對象。雖然你可能聘用到一個極為優秀的個人，但是你也要付出相當大的代價，去彌補同仁的誤解。

我個人認為，決定合適人選的方法，當然還是要多多詢問。可是我詢問的方法都比較間接，而且我完全同意克萊曼教授的做法，一定要詢問這個人的上司、同儕及下屬。而且他們的答案代表意義是一樣的重要。免得你找到一個只會巴結奉承而對下屬非常苛刻的人，這也絕對不是你的組織之福！

14.
在快樂平順的日子裡，
也會有一半的人對你不滿

用一盎司原則來換取一磅人氣的人，將非常得不償失。

——羅納德・雷根（Ronald Reagan），美國第四十任總統

領導者都明確知道「將正確的人放在正確的位置」是多麼重要。
領導者會遇到的人事困境有幾種形式：

1. 相信直覺而聘用一個員工，必有相當風險。
2. 儘管自己有疑慮，但仍然因為多數人的建議而雇用了錯誤的人。
3. 太慢免除自私自利主管或高階領導的職位。你必須有明確的時程
   表，建立公平和透明更換高階主管的機制，此將成為該單位能否繼
   續進步的重要關鍵。

領導者必須花時間去認識每個成員，然後仔細選擇，剔除不適任

者。很多時候，不採取這種大膽且不受歡迎的做法，領導者就會陷入逢事必管、事必躬親的微觀管理（Micromanagement）困境中。問卷中有位院長就指出：「在一個快樂平順的日子裡，也會有一半的人對我不高興。」

遇到員工越軌的行為，領導者也必須迅速解決，及時採取糾正行動。不立刻處理，會削減其他員工的積極作為，最終將嚴重減低同仁的向上意願。這些糾正行動包括心理諮詢、管理憤怒課程、專業領導的訓練課程。處理偏差行為時雖然儘量不尋求訴訟，但你也不能因為對方的威脅而退縮。

使命力的王道

人事難題的因應對策：
事緩則圓、以和為貴

專家
領路

邱文祥

相信直覺而聘用一個員工，這是具有相當大風險的事情。因為人類畢竟是非常複雜的動物。而且直覺又是一個非常不準確的判斷標準。你可能因為該候選人外表出眾，第一時間就會有比較好的印象。

這是人之常情，但也往往埋下了判斷錯誤的種子。當然，直覺並不見得就只有外表，例如應徵者的語言溝通能力，在在都可能會讓你有不正確的判斷。

因此要聘任一位主管時，一定要多方面的詢問。當你能夠得到各方面的資訊，例如：他的上司對他的看法、他和同儕相處的情形，以及他是不是會用心教導他的學生。當這些資訊都完備以後，更安全的一種做法就是，不要一次只尋找一位候選人，如果有兩、三位候選人，你就可以互相比較。如果他們的差距甚大，那答案自然很明顯。如果真的實在分不出高低，那你不妨就用你多年工作經驗的直覺吧！

克萊曼教授特別提到：對於一個你心中有疑慮的人，千萬不要因為多數人的建議，導致你不堅持自己的疑慮而聘用。因為已擔任一個醫界或學界的領導者畢竟有非常多的社會及人際關係的經驗。你必須深信自己的經驗仍然是比較豐富的。雖然不需要固執己見，但最後還是要以你的決定為主。不過，只要仍有疑慮，建議還是事緩則圓，不必急著做決定。

至於克萊曼教授說另一個很大的領導危機，就是你太慢免除自私自利主任或高階主管。這個問題說來容易，做來非常困難，尤其是在臺灣的公務體系，有其僵化的任免制度，你也沒有辦法一上任，就免除自私自利的主任。你一定要等到他們的任期到了，除非他們犯了非常大的錯誤。

　　我的做法是會慢慢減少交辦重要的事情給這些主任。換言之，慢慢削減他們的權利，但是不能讓他們起疑心，否則這對你這位剛升上來的領導者，會產生不良耳語的風險。畢竟在一個封閉的臺灣公家單位，充滿對你不利的耳語，只會讓你的領導權威受到挑戰，而你也不容易大刀闊斧的進行重要的改革工作。

　　至於遇到員工的越軌行為，那處理方式在臺灣與美國就有很大的差異。基本上，西方人比較直接，也比較有法治觀念。雖然如此，克萊曼教授還是認為，最後如果要訴諸法律方式來處理，也是一個不好的結果，因為處理起來費時費事，非常冗長，最後又要付出一大筆律師費。

　　究竟該如何處理越軌的行為呢？當然，要看員工越軌行為的方式和嚴重性，及其對整個組織的影響。我個人的淺見是：當越軌的行為已經牽涉到倫理及醫學界的核心價值時，領導者完全沒有退讓的餘地，只有正面迎戰。但是如果只是無心之過，在你還沒有完全建立領導地位之前，應該以和為貴，給予犯錯的人機會，並私下給予鼓勵。一個有效的做法是寫一封情文並茂的親筆信，內容對事不對人，並含有鼓勵性質，希望他（她）知錯能改，善莫大焉。依我的經驗，這是一個比較妥善的做法，之後會對組織產生你意想不到的正面效果！

15.
小心與妥善處理謠言，
才能避免失去有價值的員工

惡者播弄謠言，愚者享受謠言，勇者擊退謠言，智者阻止
謠言，仁者消解謠言。

—— 余秋雨，中國文學家

領導者努力要創造一種組織文化，也擬訂出支持它的策略計畫，
並全力投入，為組織帶來一群有朝氣的核心人員。接下來的挑戰，就
是如何留住這些優秀的人才。

首先，應建立一份寶貴的領導人名冊，其中包括臨床、行政、研
究、教學和社會服務等等領域的未來領導者。你可以想像一下在組織
中萬一有哪個職位突然空缺時，這份領導人名冊裡的哪個人適任。或
者你也可以詢問各部門的主任：誰是貴單位寶貴的人才。

領導者之後也一定要讓這些人明確知道你相當看重他們。事實

上，你創造出一個環境，讓員工不會受其他組織聘雇影響，就是留住人才的最佳做法。你唯一不能慰留的情形是，有人是因為家庭因素離職，尤其是要照顧生病或衰老的父母，你要接受事實，並開始進行招募的工作。

處理員工打算離職的謠傳

聽聞某個員工打算離職的謠傳時，領導者應該在哪個時間點出面處理，才能避免損失有價值的優秀員工呢？太早處理，可能會面臨員工利用機會調高薪水的請求。太晚行動，又怕會失去寶貴的員工。在問卷中，絕大多數的院長會在這名員工去其他組織面試之前先和他（她）碰面，多了解對方想離職的原因，設法慰留。

還有20%的院長會等到這名員工實際拿到下一個機構的錄取通知書時，再進行慰留。這種做法有待商榷，但它能讓你了解，對這位想離職的員工該採取何種策略。你可以決定讓他（她）離職，或是提出協議條件慰留。這也能讓你知道這名員工對於離職是否為認真的，還是仍有興趣留下來一起奮鬥。很多時候你還會發現，離職者聲稱收到錄取通知書，其實是憑空捏造的。

有些院長說很難留下臨床主管，有一種做法是慰留這人繼續在你的組織多工作幾年，如此也可避免損失保證金。10%的院長同意保留至少3至5年，這雖然可行，但並不確定其合法性。有位院長指出：「如果員工又再度尋找另一個工作時，我們就應該祝福他們。」因為

此時嘗試任何方法慰留皆會失敗，他們離職的心意已決。再多的慰留
都是徒勞無功，反而會破壞原有的人際關係。

使命力的王道

員工的去留是大事，
要誠心積極的妥善處理

專家
領路

邱文祥

在職場上，員工的來來去去是個常態。領導者對於員工慰留的原
則及態度將會深遠的影響到其組織未來的發展。以下幾個基本的原則
請務必要掌握！

當一個表現不好、人緣不佳、常常製造問題的人要離開時，你若
礙於情面或是他（她）有比較強的人際關係背景，所以你不得不慰留
時，一定要了解，這會產生非常大的副作用。換言之，你已得罪了其
他所有的員工，尤其是專心本業、盡忠職守的員工。這也常常印證了
一句話：如果你提拔了一位不認真、不適任員工，那你是得罪了所有
其他的人。如果你沒有提拔一位應該升等的人，你大概也只會得罪
那一個人。上述狀況對組織的影響，是非常值得領導者深思的。如果

這員工表現並不是兩極化，你不妨請他（她）的直屬上司或是和他（她）比較親近的同仁去仔細了解要離職的原因。如果只是一些在組織行政運作就可以合理改善的問題，你不妨積極慰留，因為這會避免日後有這樣類似離職的事件。

　　但是如果員工離職原因真的是家庭因素，我個人認為最好不要慰留，因為家庭因素太複雜。你慰留以後，不論發生好或壞的結果，你都可能會背上黑鍋。此時，你可以找這個員工到你的辦公室，誠摯感謝他（她）對組織的貢獻，也讓對方知道你深切體認到家庭因素的重要。畢竟沒有美好的家庭也不會有美好的人生。更重要的是，要表達你願意隨時幫助他（她）的心意，讓員工是滿懷感謝的離去。你不要小看這種舉動，它會廣傳於醫界、學界，成為你的領導特質：一個可以吸引優秀人才的磁鐵！

　　總而言之，員工的去留是組織的大事，身為領導的人應該誠心且積極的妥善處理。

16.
開除一名主管
是我個人最大的失敗

當你覺得需要密切督導某位下屬時，就表示你用錯人了，
優秀的人才不需要上司管理，他們需要指引、教導與領
導，但是不是嚴密的管理。

── 詹姆・柯林斯（Jim Collins），《從A到A+》作者

「開除一名主管是我個人最大的失敗」，正是本著這種精神，很
少領導者會把「與主管終止合約」當成唯一選擇。要做出這種「最後
通牒」的決定之前，設定時間表是很重要的，原則上一般以4～6個
月為期限，這段時間你可以採取各種補救措施。

對主管進行360度績效評估，可能留下約三分之一原先不適任的
主管。35％的受訪院長認為可加強領導課程，25％的院長建議給予
憤怒管理訓練。事實上，一個好的企業主管教練（coach）會讓領導者
知道，6～8週左右的努力補救之後是否有成效。

小心唐吉訶德症候群

讓這些主管去上領導力課程，以補救他們的領導力，可能是有用的方法；較不常用的是憤怒管理課程，因為一般人拒絕參加此類粗魯的課程。其他補救的方法包括舉辦組織內的人力資源部培訓、領導者私人諮詢、在協調人陪同下與上司會面尋求解決方法。

尋求補救的做法，一定要表示出希望和關切之意，但多數受訪院長對任何補救措施皆抱持悲觀態度，而且務必留意暫緩處理所衍生的成本與影響士氣的問題。幾個院長採行實際補救措施後，反應如下：

「希望這個主管能變得更好，但多數情況下都不會成功。」

「表現不滿意的主管並不太容易改變他們的行為。我反倒更願意投資發展新的領導班子。」

「執行力不足時，領導力沒有一點幫助。」

我要提醒領導者特別小心「唐吉訶德症候群」。開始擔任領導者時，經常會抱持強烈期待希望能做出更好的人事決定。對於一個已經要開除的人，你總會相信自己有能力將這個人改造成有效率、煥然一新的主管。這是基於你潛意識裡希望在員工面前展現對他們的承諾，同時也想展現自己擔任良師的能力。真的不要欺騙自己，這其實只會消耗你大量的精力，最後仍原地踏步，並得到痛苦的結果。

開除不適任的人，宜快不宜遲

開除一名主管是領導者極端艱難和痛苦的事，也難怪許多受訪的

院長都會傾向以拖延的態度來處理此事。事實上，若要開除不適任的人，原則上是宜快不宜遲。開除主管的原因通常有四種狀況，其中兩種是客觀狀況，另外兩種是與主管的人格有關。

1. 財務管理不善，例如：財務虧損、無法聽取正確的財務建言。

2. 表現不佳。對於臨床主任，關鍵的指標包括臨床工作表現、學生教學評價、慈善募款能力等。而對於研究主管，衡量表現的指標為同儕審查的研究經費數量、發表文章紀錄、教學評價等等。

3. 同仁不認同，例如：人際關係欠佳、同儕評價不良、缺乏醫院支援、欠缺遠見、沒有領導能力、委靡不振、虐待員工、同仁不信任。

4. 離譜的行為，包括沒誠信、道德敗壞、不忠、缺乏團隊精神、溝通不良、拒絕改變、無法採納別人的建議、拒絕接受既定的目標。

一般來說，要開除主管的客觀因素是顯而易見的，而主觀因素的判斷比較困難。身為領導者無論如何都必須做出正確的決定，履行你對組織的重要責任，而不是迎合個人的好惡。但是當開除某人成為法律問題時，其過程則會變得既耗時又費錢。因為遭解雇的當事人往往對自己的缺點沒有自知之明。

由於司法訴訟非常複雜，幾乎所有的領導者都會傾向先諮詢律師意見。首先是接觸可信賴的顧問團，如果開除的是臨床主管，那麼協商人員可能要包括醫院領導者，也就是營運長、執行長（55％受訪者的建議）。若取得開除的共識後，馬上加入法律顧問進入討論。萬一最後還

是贊成解聘，有位院長就提到：「我總是讓我的上司、董事會主席先知道當前的問題。」一旦發出解聘書，其他人需要準備如何處理民意代表干涉或法律訴訟。

使命力的王道

開除本身就是一個矛盾

邱文祥

《唐吉訶德》被視為西班牙黃金時代最有影響力的作品之一，大家對書中主角唐吉訶德的評價呈現多樣化，有些人視他為堅持信念、憎恨壓迫、崇尚自由的英雄，另一些人則將他當成沉溺於幻想、脫離現實、動機善良但行為盲目且有害大眾的典型代表。總之，他是一個集矛盾於一身、既可喜又可悲的人物。因此，唐吉訶德症候群就代表著矛盾，克萊曼教授提到了開除主管是個人最大的失敗，因為開除本身就是一個矛盾。

一個組織要能夠成功，主管必須要和領導者同心協力。可是你不僅沒辦法與主管合作，還要很矛盾的開除他，那最後的結果當然是不

好的，所以這就是唐吉訶德症候群對機構有極大的殺傷力。

　　我個人認為，要開除一個主管真的不是兒戲。在臺灣的學界與醫界裡，它的影響極其深遠，臺灣在公家機關更是不能隨便開除人。因為銓敘部訂的標準都很高，除非有確定的法律訴訟纏身。如果冒然開除人，在公家機構中，當事者馬上可以申請訴願（有好幾級），訴願不通過，日後又可以訴訟！案件拖個三、五年是常有的事。私人機構也很少會發生這樣的事情。除非理由是他（她）貪污或私德敗壞的行為，證據確鑿。牽涉到道德的時候，你做開除的處分比較不會有問題。但是諸如表現不良、跟人家相處不好等等行為上或行政上的瑕疵，就非常不宜以此為理由開除員工。雖然要去開導與教育這個主管的成功機會並不高，但是盡量以不開除為原則。

　　儘管開除一個主管可以建立領導者的權威，但這種做法是由上而下的威權統治，並不利於組織的和諧發展。真正好的領導者是會利用由下而上的機制來產生領導力，建立文化來約束這樣的人。換言之，建立一個優良的文化，用輿論及團隊的力量，改正他（她）的行為，方為上策。

17.
有效能的
360度績效評估制度

績效也可說是一種能力，一個能在長期與多樣化任務下，依
然能創造出成果的能力。

——彼得・杜拉克，管理大師

　　身為領導者，該由誰評估你的表現？對方又如何客觀的評估你的表現？如果不受評估，你能正確體現出自身價值嗎？80%的院長，會利用年度的績效報告當成評價的一部分，但僅有四分之一的院長會執行自我評價（即自行評估領導能力和個人成就）。自我評價之前，與校長或董事會主席討論今年的進展，可作為來年的目標與指標。在問卷中，只有一位院長的組織是每3至5年由審計委員會要求院長由外部進行審查，並通過內部教師調查。

　　有趣的是，20%的院長指出，他們沒有正式的年度績效報告，或是不必接受面對面的年度審查。有些人認為，偶爾的年度訪談沒有實質的回饋。沒有得到正確的回饋怎麼會進步呢？

心懷謙卑面對360度績效評估

　　領導者個人領導力的發展是什麼？三分之二的院長經歷了360度評估。執行這項評估的過程很冗長與痛苦。它可能會損壞你的自我形象，並為你和同事、下屬帶來衝突。不意外的，幾個院長認為這種分析並不正確。有人認為：「評論都是匿名的，也令人相當沮喪。我寧願接受高層人士直接評價，然後告訴我錯在哪裡，他認為我可以改善之處。」就像一位院長表示，因為我仍然要在辦公室待16年，我的評估必須令人滿意。

　　事實上，很多領導者接受360度績效評估的結果，也和一個病人聽到危及生命的診斷一樣，要歷經三階段的心情轉折：第一反應是拒絕（我覺得我有高水準的表現，不需要任何專業的輔導），接著是憤怒（此番言論要麼正面回擊〔90%〕或負面情緒〔10%〕），最後就是接受（好吧，我希望提升領導能力和管理技能）。不論批評是對或錯，同仁的看法是實情，必須正視與處理。心懷謙卑，才能走更長的路，讓自己開始邁向或繼續提升領導力的旅程。

借助企業主管教練

在問卷中，有三分之一的院長會聘用企業主管教練，對於這種做法的優點，有位院長表示：「一流的企業主管教練擁有經營經驗，他們的唯一目標就是讓你成為更優質與更成功的領導者。在一個問題上，他們提出的解決方法也經常會考慮到你不熟悉的環節。」

身處領導者高位，是「孤獨」的，你想要向組織裡的任何人尋求建議，但他們都是利害攸關者，因此必定會有利益衝突。而這一點正是企業主管教練獨特之處。在美國，除了知名、評價很高的企業顧問公司之外，還有很多商學院也提供企業主管教練的服務。

從下屬的績效制訂正確的作戰策略

你如何評價直屬員工呢？一位院長指出，每年會評估領導團隊的每個人，審查每一個人的專業表現。領導團隊的所有人必須提供一份年度報告，向院長報告已進展的目標、提出更多可行的目標。透過這種做法，可以深入審查策略計畫（即臨床、行政、研究、教學、服務社會、募款事業、教師事務和財務等各方面）。藉由開會獲得的資訊，可以用來確定未來挑戰，並制訂正確的策略及戰術。

使命力的王道

績效考核≠績效管理

邱文祥

　　年度打員工考績一向是領導者的夢魘。不是打完考績，就等於做好績效評估了！想帶出好員工，領導者要多做一些事，尤其是學界及醫界的領導者。人們往往誤把「績效考核」與「績效管理」畫上等號，以為績效管理只是主管對員工的年度評分大會。事實上，績效管理的範疇比績效考核大多了，首先，它不是由上而下的單向管理，而是一個主管與員工持續溝通的歷程，透過雙方不斷的互動合作，達到「核心價值契合」的效果。簡單的說，一個醫院主管絕對不是績效好就是好的領導者。

　　績效管理是領導者與主管們應該及早進行的一項投資，因為它能夠讓員工了解自己應盡的本分、工作要達到什麼標準，以及需要協助的時機。這將減少領導者事必躬親的困境，進而讓組織運作更加有效率。績效管理大致可分成以下三個階段：

1. **設定目標**：領導者、主管和員工一起討論，確認員工在接下來一段時期裡應該完成的任務、要做到什麼程度、為何要完成這些事、何時應該完成，以及其他特定事項，同時也要界定員工能自行決定權限的範圍。領導者和主管可以透過一對一會談，也可以利用團體會

議進行腦力激盪，但是績效目標要明確、可衡量，更要能務實，避免設定一個遙不可及的標準，打擊部屬的行動力及士氣。

2. **溝通再溝通，溝通永遠不夠**：設定目標後，下一步就是要以這個共識為根據，在接下來的工作過程中不斷提出回饋。這是一個雙向溝通的過程，用來追蹤進度、找出績效障礙，提供雙方實踐目標所需的資訊。

3. **績效考核**：經過前兩階段的磨合，好的領導者會根據對員工一段時間的觀察，以及彼此互動的內容，對部屬進行考核。必須掌握兩種心態，確保績效考核具有價值。一是領導者的角色是協助者和問題解決者，而非評估者；二是讓雙方都了解考核是為了進步，不是為了懲罰。為了調整你的評量標準，可先由直屬主管給予部屬評分建議，再交由性質近似團隊的主管交叉評分，最終一起考核不同團隊。

此外，領導者與主管對部屬評量時，千萬要避開兩種容易犯的錯誤：光環效應（Halo Effect）與犄角效應（Horns Effect）。前者是指對一個人印象特別好，就會給他一個像是大光環的效應，對方的所作所為都很容易得到過高的評價。反之，有些部屬在你的心中有如頭上長了惡魔犄角，就算他們表現不錯，也會視而不見、甚至刻意扭曲。領導者時時要自我反省：「我是否客觀」，你一旦不客觀，馬上帶來團體的不和諧，不合作就一定退步。

Part 3

格局
創新與領導者視野

領導者想要有深厚的文化底蘊，必須具備豐富
與全面的知識組合。專業知識之外，要再加上
哪些人文與倫理涵養和數位技能，日後擔任
領導者時才會更加出色呢？考慮組織的永續發
展，你該如何為研究及教學鋪路呢？

● 別忽視人文倫理素養的修練

● 將知識轉換成有效行動的課程如何編排

● 科技硬實力為軟實力加分

● 激發有創意的研究

● 為研究尋找活水

18.
別忽視
人文倫理素養的修練

人文倫理教育,就是要培養一個真誠感動的能力,不只感動自己,也去感動別人。換句話說,沒有心,就不是愛。有口無心的,有行無心的,只有外在表現卻沒有內心感動的,都不是真的人文精神;用心才能有真的感動,也才是真的人文精神。

——戴正德,中山醫學大學醫學院講座教授

　　儘管醫學倫理和醫學人文是醫療專業的基石,但在大多數美國醫學院的主流課程裡,醫學倫理都遭到一定程度的忽略,至於醫學人文更是大幅度被排除在外。其實它們就像作物生長的土壤,唯有等到豐收(即畢業)之後,大家才會領悟到它們對最後成果的重要性。

醫學倫理很重要

　　幾乎所有受訪的院長皆指出醫療倫理道德的重要性,也編入課程

中。到目前為止，醫學倫理學的教學形式最常採取四年必修（40％的學校），或者至少三年必修（25％的學校）。課程的編排包括在核心實習訓練中做案例討論、研討會，或閱讀規定的書籍。

　　許多學校亦加強另一類倫理道德的主題，例如：臨終關懷、倫理實踐、善用醫療資源。20％的醫學院編排的倫理學課會附加於涵蓋範圍較廣的課程內，比方說，「病人、醫生和社會」、「道德、人文學和敬業精神」、「醫師學」（physicianship）。然而，不到15％的受訪院長提到，學校的倫理學必修課程會命名為「醫學倫理」；這類課程最常冠上的名稱是「臨床生物倫理學」（clinical bioethics），並安排在臨床輪換開始之前半年上課。四年期間的醫學倫理學教學總時間不超過60個小時。

醫學人文帶來見識與洞察力

　　醫師在專業之外還需要開闊的眼界，人文與藝術會讓你對於人類處境、痛苦、人格特質和你我之間的責任等觀點上擁有完備的見識與洞察力，並在醫學實踐中帶入歷史視角。醫學人文學科廣泛的包含以下幾個領域：

1. **人文**：文學、哲學、倫理、歷史和宗教。
2. **社會科學**：人類學、文化研究、心理學、社會學。
3. **藝術**：美術、戲劇、電影和視覺藝術。
4. 如何將上述學科應用在醫學教育和臨床實踐中。

論及在課程中納入醫學人文的問題時，得到的意見則並不一致。有些學校對於哪些學科適合納入醫學人文中沒有定見，也有兩所學校相當贊成設立醫學人文科系的做法。

將近三分之一的學校沒有編排醫學人文的課程。至於擁有醫學人文課程的學校中，絕大多數會開設單獨的課程，例如：「教育、醫學和行為」或「病患的靈性關懷」，或者在醫學倫理學的授課中帶入醫學人文。三分之一的學校將醫學人文列為選修課；在醫學的主軸中融入廣泛的主題，包括文學、法律、音樂、電影、歷史、科學、哲學和戰爭。

醫學人文的課程

醫學系前兩年的醫學人文課程包括以下重點：

☐ 要能夠了解並熟知與醫學及衛生政策有關的道德、哲學及社會議題。

☐ 發展及落實在健康照護中醫師的傳統及責任。

☐ 對許多在醫學中常發現的道德、哲學主張、爭論和目標，培養出重要的技能，以思辯其差異。

□ 在健康照護的道德議題上形塑、提出並捍衛一個特定立場。

□ 深切思辯道德、專業及醫師法律責任之間的關係。

第一年的時數有22.5小時；第二年有24小時。課程應包括專業、倫理、誓言、家長立場、知情同意、競爭力、可信度、隱私保密、墮胎、母親與胎兒關係、治療失能病人、臨終處理、生與死、醫師協助下之自殺、人體研究、醫學研究之主觀性及誤差、動物實驗、基因測試、管理照護、健康照護之改革、社會正義及健康照護、器官捐贈及取得健康照護之管理、倫理委員會及醫療使用率。這些課程的評分標準為考試、課程參與度及報告。

第三年的課程就會用小組討論，安排兩次，每次為時兩小時的課程。會排在小兒科、內科、婦產科、外科及家庭醫學的見習醫師課程中。第三年要提供一個8至10小時的小組教學，成員包括臨床教員、醫師及學生。專題討論一些熱門議題，包括：死亡及瀕死、不合作病人、醫療系統之不公平處、疼痛控制等。

第四年的醫學生就可以選擇一些為期整個月的醫學人文有關的課程，舉例來說，醫學歷史、醫學與文獻、醫學與法律、戰爭與醫學、死亡與瀕死、醫學倫理及人文醫學。閱讀現代醫學教育之父威廉・奧斯勒（William Osler）的著作及傳記。

格局力的王道

由醫學倫理與人文的底蘊產生了一個美麗的理想

邱文祥

　　臺灣醫學教育系統中，有關醫學倫理及醫學人文的課程，也都訂在入學後第一年及第二年，為醫學相關科系的必修課程。但是不可諱言的，不僅是臺灣、美國乃自全世界有關醫學倫理及醫學人文的課程，在學生的心裡並不認為非常重要。

　　殊不知，這些課程就像克萊曼教授所言，它就像讓種子萌芽的土壤，決定著這個種子最後是否能長大茁壯，開枝散葉。傑出的醫學界領導者都知道，這一類課程的重要性，但此類一般很枯燥的課，又很難讓年輕的學子深刻了解到對他（她）未來的深遠影響。坦白說，這類課程最好的教導時間，應該是當這些畢業生進入臨床，開始接觸到病人，也就是面臨人生的生老病死時來體會。如果能配合真實情境，又能在好的老師身教重於言教下的教導，會對這醫師未來發展產生極其深遠的影響。我深信，在醫師養成教育的初期，就能夠對醫學倫理及人文有深層了解的人，日後擔任領導者時會更加的出色。

　　我在2019年8月2日發起亞洲第一次的「泌尿公益行」，之所以會有想把泌尿科公益活動推廣到全亞洲25個國家的這個大夢，是來自

我的好友——中國大陸的泌尿科名醫、也是亞洲泌尿外科醫學會前任會長的孫穎浩。孫穎浩在2016年開始舉辦「走遍中國前列縣（腺）」的公益活動，短短3年，加入計畫的醫師從幾百人，擴展到2019年8月時有4000多人。

我參加這個活動後非常感動，覺得找到培養下一代醫師醫德、醫術的方法，於是和孫穎浩商量，寄信給25國的泌尿科醫學會理事長，希望亞洲一起來辦這個活動，以季為單位，每一季挑選1週進行義診，而各國的醫師們也響應熱烈。醫師願意出來奉獻，也讓其他人知道「喔！你們是很關心病人的好醫師！」增加信任與親密感。

醫學是什麼？醫學不是單純的科學，也不是純粹的科學。目前皆不能推出具體的答案。綜言之，醫學是一門極其複雜的綜合學問，醫學涵括了科學、哲學、人類學、法學社會學、心理學，甚至宗教學。一切與人類相關的學問亦可以列入醫學領域之中。

人類歷史上醫學的發展早於科學，科學是1500年前，由人發明出的一個特殊的名詞，展現出它的客觀性及重複性，英文叫「Science」。漸漸的也分門別類的發展成各種基礎科學，例如數學、物理、化學等，或者應用科學如工程、資訊、政治等。基本上科學是一個方法論，相信大家一定同意，絕對沒有辦法用一種方法論來解決所有的學問。

因此，不能用科學的角度來要求醫學。科學的研究對象是物，所以

要格物致知，醫學的研究對象是人，所以要知人。但要「知人」是非常困難的。

人是有生命的，而正確且完全的生命到底是什麼？恐怕也沒有人能得出答案？起碼科學家及醫學家共同的體認是：生命是眾多物質組合後的特殊功能，因此有物質才有生命，但有物質也不一定有生命。科學研究的是物質，所以是物質不滅論，醫學研究是生命，生死有期，生命一定有個結束，所以眾多宗教都提到了永生的生命。科學研究的目的是尋找普遍性，放之四海皆準，要求100％和0％的結果。而醫學的結論是0％～100％之間所有的可能性都有，這就複雜的多了。提出問題不難，難的是要能找到解決問題的方法。

想當好一名醫生，不僅要懂西醫、中醫，還要懂得文學、社會學、心理學的知識才能真正做好醫師。除此之外，能夠處理好危機的才是好醫師。醫師若不考慮人文都用科學的方式看病，那病人要倒楣了。因此當醫師比當科學家難得多。醫學要考慮多種關係，只有每個關係都把握得當，才能看好病，當好醫生。

因此要當這麼複雜領域的領導者一定是難上加難，惑上加惑；唯有虛心學習，終身不懈，方能成為名副其實的領導。

19.
將知識轉換成
有效行動的課程如何編排

> 二十一世紀的文盲不是那些不會讀寫的人，而是那些不會學
> 習、摒棄已學、再次學習的人。
>
> ——艾爾文・托夫勒（Alvin Toffler），未來學家

　　每一個醫學教育機構（不論是醫學院或是醫院）的骨幹就是課程，它們就像有生命的軟骨一樣，必須持續不斷的調整改變，不允許僵化。舉例來說，問卷中有90%的學校已經摒棄傳統以器官為基礎的醫學課程。這一點也不意外，因為從2000年起，美國醫學教育評鑑委員會（LCME，Liaison Committee on Medical Education）已要求擺脫以器官為基礎的課程。正如一位院長指出：「2002年時醫學教育評鑑委員會告訴我們：『不清楚哪一部分的課程要統一整合嗎？請改進。』」

　　在美國的醫學院裡，最初兩年絕大多數會著重於以器官為基礎或

學系制的課程，這導致課堂教學明顯減少（學生平均只有17%的時間在教室聽課），小組學習的比重顯著上升，進而必須增加臨床醫師教育工作者的人數。這也造成在醫學院前兩年的正規基礎學科裡已列入臨床體驗：

1. 初級保健醫師（primary care physicians）的臨床門診訓練及體會。
2. 一週密集的臨床學習經驗。
3. 廣泛使用標準化病人（standardized patients）。

引進新穎的課程概念

還有幾所學校的課程是採行問題導向（problem-based）或案例式（case-based）的學習。在這種課程編排中，課堂授課的時間非常少；改採用臨床教案的小組會議、團隊訓練、小組模擬、以學習者為中心的教學活動。這些課程目的就是幫助學生將知識轉換成有效的行動。開設這種課程要進一步擴大師資，還會增加授課者的教學時間。

有些受訪院長很支持幾個新穎的課程概念。其中一項概念就是特別聚焦在一個領域，以充實學生的學習內容。舉例來說，「城市健康」的課程中，要提供學生在城市環境中的臨床體驗，並開始參與專題研究計畫，研究的主題是如何在市中心貧民區提供醫療保健服務。

另一種新穎的課程概念是設立雙軌制（two-tier system）。學生可以選擇傳統的四年通才教育或「專業」的課程。後者的課程編排中，學生錄取醫學院時可以先選擇到機構的一門臨床學科。課程會根

據他們未來的臨床專業領域來修改，這也會減少在醫學院裡的時間。

還有一種是提供學生社會互動的學習課程。這種課程規劃的基礎是創建學習社群（learning communities），每個社群有12名學生。在四年的醫學教育裡，小組成員都跟著同一位醫師導師，也一起在門診看病人，一起跟老師做內外科見習。

許多院長強調檢討現行課程的重要性，這可能需要一年或半年的時間，過程中必須檢討課程的內容和表現。或者，在執行更正式的醫學教育策略計畫時檢討。這雖然更耗費時間和金錢，不過得到的好處是可以達成課程改革，及獲得優良的評鑑成績。執行這種規模的課程檢討必須包括所有的利益相關者：部門主任、優秀教師、學生領袖和校友。

隨著課程的演變，以及社會對醫師服務的需求增加，也有一股趨勢是開設能力本位（competency-based）的課程，這些課程在教學與評估時要以扎實的電腦與數位技術為基礎。這會引發一個反覆出現的問題：畢業的標準究竟要看學習歷程或能力？雖然前者是「久經考驗」的方法，但科技的進步使後者變得很有吸引力，如果想確認一名醫師的工作能力，這可能是更具成本效益的方式。然而，截至2016年為止，受訪的院長都尚未採用能力評量的課程。

其他可以考慮引進的創新課程包括：精實六標準差（Lean 6 Sigma）、照護住院病人、手術期護理或品質安全改進課程。

教學是一種榮譽

在醫學院、醫院的文化裡，領導者必須創造出清楚的認知：肯定「教學是一種榮譽」，應該受到相應的重視。每年發放獎金給傑出教師，並應該公開表揚，授予他們榮譽。

可以創建榮譽教學組織，例如：醫學教育創新學會。傑出教師都有資格進入學會，之後想繼續維持會員資格就需要完成有助於組織和學生的教育專案。學會要負責開設教師的學習課程，精進他們應用數位科技的教學能力，包括平板電腦課程、播客、模擬演練、翻轉教室（flipped classrooms）。學會的資金通常需要領導者資助，但這是值得的投資，因為它會讓傑出教師獲得認可與進修，也鼓勵他們在進修過程中進步。

格局力的王道

重視教學與親身體驗的
臨床經驗

專家
領路

邱文祥

　　親身體驗臨床經驗在醫師養成過程的重要性，是不言而喻的。以前臺灣有一種奇怪的説法，將自行執業的醫師稱為「地方型醫師」（LMD，local medical doctor），帶一絲絲輕蔑之意。其實這種説法是完全不對的，應該稱之為「自行執業醫師」（practicing physician)。傳統上開業醫師與學術型醫師有一個很大的鴻溝，在臺灣對自行開業做得好的一群醫師，會有一種開玩笑的説法説他的開業術很好。

　　殊不知這種能夠建立良好醫師與病人關係的技能，對每一位醫師來説，不論他們的執業場所是在診所或醫學中心，都是一種必備的重要條件。因此如果能夠在醫師訓練之初，參與初級保健醫師（primary care physician）的臨床門診，用心體會後必將對日後的行醫有重大幫助。現代醫學教育再加上廣泛的利用標準化病人來訓練年輕醫療提供者，這也是未來是否能培養出優秀醫師的重要方法。

　　我個人非常同意克萊曼教授所言的，在醫學相關領域的工作同仁

一定要有一種類似信仰的堅持：教學絕對是一種無上的榮譽，而把研究當成是一個訓練自我的習慣。

美國引領西方醫學教育之先，當然能夠提出非常多的創新學習課程，包括平板電腦課程、模擬演練、翻轉教室等。我同意這是值得的投資，但是我們必須認清一個事實，美國的醫學教育制度中，其學生的學費是非常昂貴的。一個家境不充裕的醫學系學生，都要背負很大的貸款才能畢業。而臺灣的大學教育，在教育部僵化的心態下，只能收固定且是低廉的學費，實在是很難像美國做那麼多各式各樣的教學活動。臺灣也只有幾間國立的大學，或只有幾家經營醫院很成功的私立大學，能夠將醫院的收入挹注到醫學教育，才能夠建立比較接近美國教育水平的醫學教育。這點，希望在臺灣接受醫學教育的學生及家長要體認這一點，並了解到臺灣醫學教育界及醫界工作者對整個國家社會的奉獻。

當然更希望的是，所有醫療需要者皆能體認到臺灣醫學界及醫界之所以能做得這麼好，其主要原因就是因為有非常多不知名、不計較得失，願意付出的醫療服務提供者，臺灣才會有那麼好的健保服務。比較美加地區的醫療系統，它們不僅看病昂貴，而且看病費時費事。所以現在有很多旅居海外的國人，寧願坐飛機回來看病，都說這樣子比較划算。

其實這種事情，表面上看起來臺灣醫界好像很驕傲，其實是很痛

心的。因此我誠摯的呼籲大家，這真的是一個很荒謬的事情！我曾親身經歷有些由美國回來的病人，如果治療效果不好，又會以美國的標準對臺灣的醫師頤指氣使，這絕對是會讓我們真心想奉獻醫療的臺灣工作者非常灰心的事情。現在我們最需要的是鼓勵和支持，不僅是來自於病人，更希望來自有作為的國家。

20.
科技硬實力為軟實力加分

只要有效的繼承人類知識，同時把世界最先進的科學技術知識拿到手，我們再向前邁出半步，就是世界最先進的水準，第一流的科學家。

——史帝芬・溫伯格（Steven Weinberg），諾貝爾物理學獎得主

數位科技已經深植於二十一世紀的學習環境與過程中，包括播客、翻轉教室、擬真人體模型，以及平板電腦。這場資訊傳遞的革命也帶來了個人化學習的新紀元，此世代能根據學生的學習風格傳遞他們專屬的資訊。現今的學習可以在獨自一人或小團隊的環境中達成。教師的課堂時間不是放在講課上，而是直接與學生互動，讓他們理解指定的教材，進而在案例研究和臨床場景中有效應用新知識。

一位院長指出：「對新世代的學習者來說，使用數位技術絕對有必要。」現在的課堂上充斥著平板電腦（80%）、播客、線上講座、

小組學習經驗、翻轉教室（60%）。換句話說，以前用來講課的課堂時間，如今已經用來互動討論，其目標是要迫使學生去運用新學習的知識。透過高度精良的可程式化電腦輔助人體模型或標準化病人，學生也可執行模擬演練（65%）。

新時代的學習者要取勝，不是憑藉著記住大量的課本內容，而是取決於有能力「善用數位科技策劃、分析，並在實務中融入最佳的醫學知識」。至於在新科技中又該如何避免喪失往昔的醫術呢？有位院長提醒：「一定要讓學生觸摸病人，觀看病人的眼睛。」

這些教學方法變化的最大阻礙，並非學生而是老師。教學準備欠佳，或者持續採用「千篇一律」的講課方式，會迫使學生不願上課，也不樂意透過更新的網際網路平台尋找資訊。多位院長表示，如果教師要與時俱進，就必須學會使用電腦，並採納與適應最新的數位科技來教導學生。

為了協助教師跨越「數位鴻溝」，許多院長已經開始利用既有或新成立的醫學教育學會。在學會裡舉辦講座與專題研討會，指導教師如何製作播客內容、實行翻轉教室的教學法、開發模擬演練等。還有些醫學院擴編醫學教育的師資，增加模擬演練的主任、科技教學主任和其他助理。他們的工作包括開發各種模擬情境，也為一系列的臨床事件撰寫程式，再導入電腦輔助人體模型，並協助教師創建播客、購買電子醫學課本和上傳教材至醫學院的網站。此外，許多學校已引進「重點照護超音波」（point-of-care ultrasonography）課程，進一步

提升執行傳統身體檢查的價值。幾所學校也開始讓標準化病人佩戴谷歌眼鏡，教師因此能夠透過病人的眼睛清楚看到學生的臨床技能。

格局力的王道

別讓科技阻斷人與人之間有靈魂的互動

專家
領路

邱文祥

　　臺灣的科技代工產業在世界占有非常重要的角色，可是我們的電腦軟體發展就遠遠不如美國。不論資訊科技的產業如何發展，醫療事業永遠是離不開人性及人文的。因此有位美國院長特別提醒，一定要教導學生如何觸摸病人，觀看病人的眼睛。學會人與人的心靈契合，能夠互相體諒其立場，充滿同理心。

　　上述重點，在醫學教育中是很重要的要素。人是有靈魂的，不管未來人工智慧如何的發展，它們要有靈魂恐怕不是一件容易的事情。醫師照顧病人中間一定要充滿人與人之間的友愛。我同意可以利用數位科技讓我們的醫學教育學習更方便，更深入，更有效率。但是千萬不要讓科技阻斷了人與人之間有靈魂的互動。

21.
激發有創意的研究

在動態社會下，企業家不斷的創新會產生利潤，一旦創新停頓，利潤即會消失。

——約瑟夫・熊彼得（Joseph Alois Schumpeter），經濟學家

　　研究是組織永續發展的根基，而研究工作最重要的一環，就是讓有相近興趣的研究人員聚集在一起，激發他們能和諧且有效率的互相合作，得到高度創意的成果。以下有幾項建議方法：

1. **籌劃校際晚餐**：邀請另一所學校其他領域的教師（例如：工程、生物科學、法律、藝術），和你的醫學院教師一同餐敘。這些餐會可以只邀請25位醫學院教師和25位外校教師。兩所學校的院長也出席餐會，並揭開序幕。出席者都要坐在自己不認識的人旁邊。在餐敘過程中，每位出席者有約一分鐘可以簡述自己的研究。這種餐敘最好是安排兩次，一次是在醫學院的校園，第二次是在交流學校的

校園中。3個月後，還要發送問卷所有出席者，做後續追蹤，評估開發任何新合作計畫的可行性。

2. **安排校園的主題餐會**：邀請學校的教師參加餐會，但需聚焦在一個特定的主題，例如：視覺、聽力、3D列印技術、幹細胞、中風、腦損傷、奈米技術、模擬教育技術。餐會人數最好在25人左右。

3. **提出新計畫**：新計畫可以增加補助資金。比方說，有一所學校開設一個「量化健康科學系」（Quantitative Health Sciences），招募六大領域的人才，包括：流行病學、生物統計學、健康資訊學、成果評估學、健康服務研究和健康差異研究。結果在5年當中，得到5,000萬美元的獎金。院長也提到，一旦成立新的中心，可以鼓勵跨校園的合作，也有助於建立良好的研究環境。

醫學院的新學科和臨床研究焦點清單

☐ **新學科**：系統生物學（Systems biology）或整合生物學
（integrative biology）、計算生物學（computational
biology）、生物資訊學（bioinformatics）、幹細胞研究、遺傳
學與代謝學、新藥物發展學、基因組成學、基因治療學、疫苗研
究、分子生物學、分子結構學、肺生物學、人口健康和奈米技術。

☐ **臨床研究領域**：自閉症、行為神經科學、神經退化性疾病、創
傷性腦傷、傳染病、癌症、成像研究、心血管研究、個人化醫學、
再生醫學、效益及健康成果研究。

格局力的王道

跨領域的研究團隊，
才是未來的希望及趨勢

專家
領路
邱文祥

　　我個人非常同意克萊曼教授利用籌劃校際晚餐及安排校園的主題餐會，來提出創新計畫的這種做法。實際上一言以蔽之，這就是要讓我們現在所有臺灣的研究人員體認到，單打獨鬥是不會成功的。最好的方法是要能結合志同道合的研究團隊，如果能夠加入跨領域的合作團隊，那才是未來的希望及趨勢。

　　至於醫學院校要不要開拓很多的新學科及臨床研究的焦點清單？這完全應該取決於該醫學院校現有的治校狀況、財務資源，以及其創立的宗旨，更應該考量未來臺灣實際社會的需要。換言之，臺灣的醫學院校都不大，也不應該把自己膨脹，認為所有事情都要包山包海的來做，應該選擇其機構的特點來充分發揮。如果自己的人員在某些方面不足，亦可以考慮與別人策略結盟。

22.
為研究尋找活水

企業的生存之道，在於如何讓創新在企業內存活。
——史蒂夫・賈伯斯（Steve Jobs），蘋果公司創辦人

「研究很燒錢！」——那麼研究專案逐漸失去支援時，該如何壯大呢？從問卷中並沒看到令人驚異的回覆，就像有位院長哀歎說：「研究工作一直尚未取得進展。」

遺憾的是，美國國家的資金已經不足以維持現在的科學界研究。由國家衛生研究院（National Institutes of Health，NIH）補助的每一筆新經費都面臨苦樂參半的處境。利用該機構提供的研究款想要完成原來擬議的研究，根本不足夠；因為「批准」的研究預算很少等於原來所擬的預算。而且不只科學家和組織面臨挑戰，用來支援大學研究基礎設施的經費同樣短缺。因此每一項「成功」得到國家衛生研究

院補助的研究雖然享有盛名，但後續還是會消耗到組織的資金。

提到該如何克服研究支援日益擴大的缺口時，最常見的答案是更多的募款！因此，研究人員必須認清：有能力以通俗語言清楚解說研究內容，至關重要。為了達成這項目標，或許可以專為研究人員開設一個募款課程。在美國，「募款資源」（Advancement Resources）之類的機構會開設為期一年的課程，課程安排4小時的季度慈善晚宴，每位上課者要完成一系列有意義的報告或成果。

或者，也可以由你的組織規劃這類的教學課程，安排捐助者和熱情洋溢的研究員共進晚餐，或者參加高品質的非專業研討會。活動的目標是讓捐助者與組織裡的科學家擁有直接交談的機會。一旦研究人員成功取得贊助，這類活動的費用很快就能回本了。

外來的研究經費

在美國，外來研究經費的資源包括基金會、企業、地方或州政府撥款，以及非國家衛生研究院的聯邦資金。但是要與這些組織交涉，必須投入額外的人力及資源。

1. 基金會贊助：

你的組織可能要與蓋茲基金會（Bill and Melinda Gates Foundation）、聯合國健康基金會（UniHealth Foundation）、凱克基金會（Keck Foundation）等機構交涉，往來的過程十分耗時，因此應該聘雇一名優秀的祕書，其專職的工作就是研究、造訪與申請這

些基金會的贊助金。也安排基金會人員訪問學校，藉此向他們介紹組織的使命，也讓對方了解有哪些使命與該基金會的理念一致。最好每3個月就安排這種性質的訪問。

2. 企業捐助：

爭取企業支援你的學校或醫院，可以互惠互利。但是對於技術轉移，事先要制訂產業合作辦法，解決使用學校或醫院智慧財產權利的眾多紛爭，避免造成組織的傷害。正如一位院長表示，雖然有些專案的收入每年超過500萬美元，但這是少數例外。比方說，美國賓州州立大學和威斯康辛大學很成功走出技術轉移關卡，不僅節省投資基金，也順利與企業合作。不過一般來說，版權費和授權協議經常都不足以維持一項技術轉移專案。

在學校或醫院發展生技新創單位或育成中心也有很大的助益。啟動這些新創中心需大量資金挹注，但它們可能帶來很大的回報利潤。然而，必須明白這是一場高風險的賭注。展開育成中心的工作比較簡單與經濟實惠的方法，就是從小規模開始。重新利用組織內任何已經不使用的實驗空間，將它租給企業，成立一個創新工作室，但企業要使用這個工作室的前提條件，是必須和學校員工合作一項專案。

這些「技術合作管道」的做法會提供一些收入支援研究的基礎設施，也鼓勵員工與企業合作，或許還是豐厚版權費或授權金的來源。組織可以聘用一名擁有企業管理經驗的人專門負責這項工作，鼓勵並促進員工創業。

3. 地方和州政府撥款：

　　與爭取基金會和企業贊助的工作一樣，向政府爭取經費也需雇用一名專職員工負責。有些學校和醫院的做法是鎖定組織所在地的政府官員，遊說他們支援研究。問卷中有兩個院長指出，曾成功獲得一次國家預算專案（1,000萬美元）；一個用於癌症研究，另一個則是研究神經退化性疾病。在美國，加州再生醫學研究所（California Institute for Regenerative Medicine）是由州政府編列預算成立的機構，一直是支持幹細胞研究的重要來源。

4 非國家衛生研究院的聯邦資金贊助：

　　除了美國國家衛生研究院的聯邦資金之外，還有許多國家級與地方級的資金來源，例如：國防部、國防部高等研究計畫署（Defense Advanced Research Projects Agency）、退伍軍人事務部（Veterans' Administration），以及近來成立的以病人為中心的成果研究所（Patient-Centered Outcomes Research Institute，PCORI）。

　　為了爭取上述機構贊助經費的機會，一位院長還創建特別戰略辦公室，由專人負責向基金會、企業、地方政府和國家機構籌集資金。醫學院也會由附設醫院支援研究和教育，但現今的醫院也面臨收入減少的狀況。有一種策略是醫學院將研究結合品質改進的專案，讓醫院從中獲益，醫院也會為這項專案提供資金。

以節流措施解決研究經費短缺

組織採取節流措施解決研究經費短缺的問題時，可針對研究設備建立一份目錄。這份清單應該羅列設備所屬的實驗室、儀器的使用率及閒置率。組織內的所有研究人員都可以使用這些設備。購買一台新設備後原則上不允許購買另一台，若一定要購置，也要共用設備的服務維修合同，這種方式可以節約成本。

此外，多數院長在任期當中會因為無法繼續自己的研究，將實驗室轉移給合作者。以下還有幾個解決研究經費短缺的方法：

1. **給經費，給空間：**首先要精確確定校園的研究空間的總面積，計算出每位研究員支付多少美元就可以獲得多少平方公尺的研究空間。此可以由學院高級副院長協調之。然而，一旦每平方公尺的研究空間低於指定的水準，實驗室空間收費應相對減少。重要的是教師需了解政策，確定統一且公平的施行辦法。這種方式將能夠發展你的強項，同時剔除生產能力不佳的教師，以期達到研究資源與研究空間取得合理的平衡。

2. **增加效能**：詳細調查組織的研究基礎設施，包括：臨床審查委員會（IRB）的臨床試驗和技術轉讓。同時考量高效的方案以改善作業流程，降低成本，達到理想的精實目標。

3. **建立醫學科學基金會**：這是一個獨立的外部機構，它的使命是支持醫學院的研究任務，並可吸引捐助者支援研究。

格局力的王道

資源利用率發揮到極致，
才是組織之福

專家
領路

邱文祥

　　克萊曼教授對研究空間及研究設備如何充分利用的這一點看法，我本人有深刻且非常類似的感受。在我擔任臺北市立聯合醫院教研副總院長的時候，因為聯合醫院有非常多個院區，如果每一個院區都要買一台同樣的設備，尤其是一台比較昂貴的設備，那是非常沒有成本及績效觀念的。所以我堅持所有院區設備都應該集中管理，我將每個院區的研究設備做整理清單後，赫然發現很多的設備是閒置不用，而且很多的設備都是重複購置。而這種情況，在我擔任陽明大學醫學院長的時候也發現到非常類似的情形。

　　這恐怕是許多公家機關擺脫不掉的惡！也因為官僚體系，每個人都以自己的本位利益為出發點，購買設備的時候先以自己方便為原則。殊不知這就是一個資源的大浪費，組織每個成員要充分體認，共享儀器設備，節約成本。大家先腦力激盪想出如何將該儀器設備的利用率發揮到極致，並互相合作及扶持。這才是組織之福，也能節省資源，更能提升你個人的研究績效。

　　在美國一流的頂尖大學大部分是私立學校，他們非常非常重視績效的管理，不僅在生產部門，在研究部門亦復如是。這也是臺灣要努力效法的地方！

Part 4

無畏
挑戰與危機應變

面對突發危機、財務與募款難題、生活與事業
兩頭燒、卸任的抉擇,該如何不受制於這些挑
戰與危機,當一個勇於扛起責任的領導者呢?

● 處理危機的當下，同時要兼顧未來的變化

● 節流是削減不當開支，並非砍到見骨

● 另闢新藍海的開源策略

● 建立一個慈善募款的文化

● 一步好棋，快樂走出辦公室至少一星期

● 留下漂亮的退場身影

23.
處理危機的當下，
同時要兼顧未來的變化

壞的公司被危機打敗，好的公司度過危機，優秀的公司則因
為危機而更好。

——安迪‧葛洛夫（Andrew Grove），英特爾創辦人

危機預防勝過危機管理。最好能保持警覺和防患未然，找到小漏
洞，立即就處理。在這方面，一位受訪院長指出，每個月會與法律顧
問開會審視組織的法律問題，除此之外，每兩週還會召開會議檢視任
何危機或潛在的負面影響因素。

萬一真的爆發危機時，領導者首先要關切的問題是：「每個人都
安全嗎？」一旦危機造成人身傷害，就要啟動緊急應變系統，並通知
警方或保安人員。出現危機狀況時，有位院長也建議「先留意自己的

脈搏」，其目的是讓你深吸一口氣保持鎮定，接下來冷靜的從幾個面向評估危機：

1. **危機類型**：科研、臨床、公共事務、教育、個人（員工、學生）、法律、執行中的計畫、自然災難、歧視、性騷擾。
2. **危機範圍**：組織內、社區、地方、州或全國。
3. **對組織造成的風險**：公眾形象、法律和財務。

克制想懲罰或反擊的衝動

在這個階段，所有的溝通都應該透過「個人」或「電話」，儘量不在電子郵件、社群媒體上討論危機。為了確認緣由，應直接與引發這場危機的人面對面會談是非常重要的。尋求正確資訊時，要「個別」和每位主要當事者談話，過程中也務必安排另一位公正的人作紀錄。花時間先著眼於「問題」，而不是當事人。克制未經思考就想懲罰或反擊對方的衝動，你必須先釐清事情的來龍去脈後再採取行動。分析根本原因與採取人事行動，都應留待之後再執行。

完成必要的訪談並確定問題，接下來花10～30分鐘建立一份待辦事項清單，決定處理的優先順序。下一步是和最信賴的副手商討可行計畫，然後與法律顧問溝通。

組織「危機處理團隊」

你要向直屬上司儘快通知這場危機，提出你的分析報告與可能的

補救辦法（針對危機和公共關係的應變）。一位受訪院長指出：「向高層通知壞消息，我設定的門檻很低。但目的主要是要報告狀況，而不是為了請求幫助或調停。」基於相同的理由，如果你是因為危機要通知高層時，最好準備好至少一個或兩個可行的解決方案。你的高層必須看到你已經花了相當多的時間和精力快速處理危機、已見過當事人，並擬訂一份合理的行動計畫。

採取行動時，你要組織「危機處理團隊」並分派任務。這支團隊負責擬訂對內和對外的溝通計畫、策略與戰術目標。必須指定一名發言人，對新聞媒體的溝通一律透過他或她接觸，組織內的其他人都不能對媒體發言。

至於這個團隊該有哪些人呢？有位院長給了一個「不用說也知道」的答案：「根據危機性質決定危機處理團隊的成員。」不過，在所有的危機狀況下有幾位關鍵人物通常都要參與：法律顧問、媒體聯絡人和領導者最信任的同仁（例如：資深副院長）。

可以根據危機性質決定其他參與的人，包括：資深副院長、人力資源主任、相關主管、組織的保安人員或警衛、公共關係主任、教職員事務部主任、資訊部主任、環境健康和安全室主任、學生會主席。危機如果與臨床相關，亦有可能會要求以下人員加入：醫院執行長、財務長、相關部門主任、風險管理主任、法務專員、策略長、行銷總監、教師代表、醫務人員代表主席或醫院董事會主席。在罕見的情況下，學校教務長可能也要列為團隊成員。

善盡告知之責

　　在平面或電子媒體披露任何訊息之前，你一定要通知所有關鍵人物，讓他們充分知情。正如一位院長指出：「我總是被指責通報太多，而不是通報過少。」關鍵人物亦可能包括這場危機牽涉到的利益相關者、支持組織的主要人士，例如：捐助者、政治人物、董事會和醫院執行長。根據危機的性質，首次的通報是在緊急會議上，參與的成員僅限於受影響的部門。下一步是更全面的通報，形式或許是透過「電子郵件廣傳」、簡訊通知、組織網站公告、社群會議、教師會議或學生會議。或許可以考慮對整個組織和關鍵人物做網路直播。

　　在一些組織裡，執行上述的通報很容易，因為緊急應變系統一啟動，就會透過簡訊、語音信箱和電子郵件傳達訊息。最後，如果確定問題牽涉到全國層級，你可能要提醒負責與國會溝通的同仁，你也應該去拜會相關的政府機關人員，承認錯誤並討論如何處理與補救。

拿捏採取行動的時間表

　　時間表要如何判定呢？其關鍵在於一旦你得知危機爆發時，必須記錄你當下的立即反應。在大多數情況下，保持鎮定後評估危機、建立可行計畫、通知直屬上司，皆應該在事發當天內完成。如果危機是白天發生的，千萬要在傍晚之前完成上述幾件事。

　　同時，你一定要掌握「最新」的資訊，迅速擬訂應變計畫，也向直屬上司通報。在處理危機的當下，你同時要兼顧「未來」可能的發

展，因為你執行的每一項應變措施，事後都會受到審查，所以拿捏採取行動的時間表會成為評判你的關鍵要項。

危機處理清單

1. 事發第一天立即採取的行動

☐ 決定是否需要啟動緊急應變系統。

☐ 定義危機的類型（研究、臨床、教育、人事、自然災害、財務）。

☐ 評估危機的範圍（組織內、社區、地方、國家）。

☐ 確認對組織造成的風險（公眾形象、財務、法律）。

☐ 只透過「個人」或「電話」溝通。

☐ 單獨會見主要「當事人」，並委任一人作紀錄。

☐ 列出待辦事項清單與優先處理順序，再與副手和法律顧問商討可行計畫。

☐ 向直屬上司報告，並提出你的行動計畫、發言人選、危機處理團隊成員名單。

□ 指派一名發言人。

□ 集合危機團隊成員，擬訂更具體的行動計畫，內容涵蓋：通訊、
　策略、戰術目標。

□ 要搶先媒體一步向利益相關者、組織內員工通報。

2. 後續行動

□ 分析根本原因。

□ 採取人事行動。

無畏力的王道

優秀領導者
必定具備危機處理的能力

邱文祥

　　我曾經跟幾位極有智慧的社會領導者，談到如何挑選出未來的繼任者時，我們都一致認為有三大特質是一位優秀領導者必要具備的。第一，他（她）一定要很有邏輯性；第二，要極具理性；第三點，大家都相當強調要能夠有危機處理的優秀能力。

　　千萬不要小看危機，小的危機不處理會變成大危機，最後導致組織的衰亡。有些人會把危機變轉機，克萊曼教授在此處已經提到一些危機處理的基本觀念及方法，但是在醫學領域中處理危機，更具多樣性及挑戰性。因為其危機樣態性質迥然不同，包括：病人家屬溝通、病人法律告訴、醫院評鑑成績不佳的危機、營運的危機……等。

　　總而言之，如果人際關係發生危機時，最重要的方法就是溝通、溝通，再溝通。要了解醫護人員與病人的關係往往是在不對等的立場，尤其是醫師。一般病人都覺得醫師高高在上，醫院同仁都覺得院長高高在上。如果你維持這種高傲的心態，那根本無從溝通起。因此領導者一定要能放低身段，多用同理心，才能夠減少衝突。

　　其實，危機最好的處理方式，就是讓危機不產生。而醫院又是最

容易產生危機的地方，醫院是２４小時在營運，天天有人死亡，要經營好醫院要注意到非常非常多的環節，需要各種不同背景的人一起共同合作。而且病人的型態相異性極大，一定要有很好的資訊及人工智慧系統來協助醫院的運作，減少危機產生。智能醫療一定是未來的大趨勢，人工智慧可以減少醫護人員的負擔，減少失誤的產生，更可以增進醫護人員的執行效率。但是醫療場域又不能夠只有科技，而沒有人性，這也是未來要擔任醫學界領導者最需要去著力的工作。

24.
節流是削減不當開支，
並非砍到見骨

節約是窮人的財富，富人的智慧。

——大仲馬（Alexandre Dumas），法國作家

　　所有組織無論規模大小、背景或境況，財務實力都是必要條件。償付能力是決定領導者任期的重要關鍵。整體而言，處理組織財務的方法需操作兩個面向：節流（削減開支）與開源（尋求新方法，以增加舊有的收入來源，或是尋覓尚未開拓的藍海市場，另闢新的收入來源）。

　　在兩個方法中，節流顯然是組織最容易與最常採用的方式；然而，節流的技巧是要削減不當開支，並非大幅砍到見骨。

就算部門主管不滿，也要管控與凍結新人招聘

　　組織的開支裡，薪資支出遠超過其他類型的費用，所以管控人事

費用經常是節流措施首先考慮目標。

　　控制人事開支的第一步是在組織內公布：任何部門提出的招聘都必須先通過領導者辦公室的審查與批准。讓領導者辦公室審查新人招聘的計畫，這是深具效益的成本控制策略。雖然這可能引發部門主管的不滿，但非必要的職位先不增加新人，可省下的經費相當龐大。

　　就算是聘了臨床新人也要讓他們知道，這個工作是「沒有蜜月期」的，他們應該增加業績。這項要求使一所規模小的美國醫學院每年節省超過40萬美元。

裁撤部門後要扛起財務責任

　　對於年復一年營運不佳的部門，裁撤或合併部門是必須考慮的事。舉例來說，物理醫學部與復健部可以納入骨科、神經內科部。或者可以將家庭醫學和保健政策的研究部門合併為一個新部門。

　　此舉當然會影響原先部門的成員，甚至或多或少會減損領導者的政治資本（即以往慢慢靠建立威望、公信力、能見度累積而成的另類資本），但是當你傳達出的訊息是對於扛起部門的財務責任，你重視並全力以赴要解決不良的財務狀況，這就能彌補損失的政治資本。

　　此外，裁撤部門與共享行政職務，可以減少人事開支。比方說，在基礎科學領域可以共用行政人員、採購主任等。有一所醫學院刪減掉院長辦公室及每個部門10％的行政職務，結果省下的經費就超過50萬美元。

凍漲薪水與實施無薪假，迅速阻止損失

凍漲薪水雖然可以發揮節省人事開支的作用，但它的衝擊效應會在未來出現，另一種選擇是實施無薪假。

醫學院、醫院在實行臨床教師減薪之前，首先要建立一個CARTS（clinical/administrative/research/teaching/service）系統，也就是「臨床、行政、研究、教學、服務」系統，精確追蹤每個員工的工作績效。下一步是審查所有員工的薪資，再以工作的「相對價值單位」調整支付薪資。此外，對於研究人員來說，薪水與研究資金息息相關。失去研究贊助的研究人員，可調降其年薪資約10%～20%。財務困難的組織，可以先讓10%～15%的人休無薪假；使用此方法，人事經費立即下降了10%～15%。通常這是一種臨時（即一年）的緊急措施，目的是要迅速阻止持續的損失。

調整員工服務年期，務必妥善處理

醫學院可以考慮利用有限的經費雇用終身教授（每年可以節省100萬美元），同時開放機會去招納更便宜、更有成效的非終身教職人員。另一方面，當員工已符合退休資格卻不退休時，組織可能每年要多花費200～300萬美元。然而，此個案務必妥善處理，特別是當有資格退休的人表現很傑出時。

減少人事費用的建議方法

☐ 管控與凍結新人招聘。

☐ 臨床新人「沒有蜜月期」，應該增加業績。

☐ 裁撤或合併部門。

☐ 裁撤與共用行政人員。

☐ 凍漲薪水與實施無薪假。

☐ 調整員工服務年期。

以精實概念有效降低組織內的浪費

　　除了從人事費用節流之外，受訪院長也提到可考慮引入「精實」
（Lean）培訓計畫，並建立節約成本的精實計畫，每年至少可以節省
數萬美元。舉例來說，醫院統一購買套管、縫線、導管等相同耗材，
每年可以節省數十萬美元。再者，讓組織的行政和辦公用品標準化
後，採取大宗採購也能降低成本。醫院審查醫療事故費用，並考慮利
用投保方案，每年也可以節省高達200～300萬美元。下列還有幾項
可有效降低組織不當支出的方法。

1. **編列部門預算的流程標準化**：針對部門與中心的預算編列流程，組
織也要建立一個標準範本，嚴格規定預算編列標準，並嚴格訂定提
交至領導者的最後期限。部門若錯過最後期限時，應該考慮由領導
者辦公室接管它，管理其財務。這種做法是提醒其他所有部門必須
及時且準確的編列預算。

2. **停用所有採購卡**：一位院長指出，執行停用採購卡或銀行信用卡6
個月後，組織可節省100萬美元。

3. **每半年進行開支審查**：每6個月與財務長一起審查組織所有的費
用，了解必須控管哪些增加速度最快的費用，以及可能要剔除或減
少的開支。

4. **從能源效率著手**：翻新或建造新建築時，納入最先進的節約能源設
計。組織內也引進節能設備，讓員工知道組織能源成本的重要，以
及如何減少這方面的費用，努力推動節能文化。

從辦公室空間、外包、顧問費撙節開支

　　找出組織內空置或使用率不高的空間，善用這些空間，儘量減少在外租賃辦公室。

　　組織裡的一些業務可考慮外包，例如：客服中心。不過這得冒風險，畢竟「生不如熟」，處理自己熟悉的人比應付不熟悉的人來得容易。如果組織內員工執行的成本高，員工滿意度低時，外包是一個合理的選項。有些業務若是外包一般會占總開支的8％，而由自聘員工來執行時就約占了組織開支的10％～12％。假設一項業務原本耗資1億美元，少了1％的支出，等於收入多了100萬美元。

　　處理領導階層空缺時，組織往往會利用獵人頭公司來找人才。不過醫學院和醫院的臨床或研究職務，大多借助在特定學科上傑出的員工協助提供優秀的候選人名單，此做法花費更少且更有成效。再者，領導者應該建置人才庫。在擬訂策略計畫時，你可以採用一些商學院的顧問服務，以較低的花費得到你所需的專業知識。

由內而外的節流方法

☐ 統一購買相同耗材。

☐ 大宗採購。

☐ 部門編列預算的流程標準化。

☐ 停用所有採購卡。

☐ 每半年進行開支審查。

☐ 從能源效率著手。

☐ 儘量減少在外租賃辦公室。

☐ 有些業務可考慮外包。

☐ 減少外聘的顧問費。

無畏力的王道

減少不必要支出，才能產生
有實際績效的研究成果

邱文祥

　　克萊曼教授講得好！節流是削減不當的開支，並非刀刀見骨的刪減預算，而影響到整個機構的生產力。尤其是不當的人事開支，這種現象在臺灣比比皆是。舉例來說，臺灣在二十年前放任大學開設的標準以後，成立了非常多所的大學，也因此成立了非常多的新系所，而且每間院系的規模都不大。如果每間系所都要一位專任祕書人才，那實在是非常不切實際且浪費的人事開支。依據筆者經驗，如果那一個科系的祕書不在，也就沒有職務代理人（因為祕書只有一人），這種現象就是典型的不當浪費。

　　筆者的切身體驗也發現，當我在規劃將陽明醫學院的各個研究所整合到一棟大樓時，為了節省人事成本，我特別將兩個性質相近的研究所辦公單位合而為一，讓兩位祕書可以一起工作，因此可以互相成為職務代理人。我同時將研究空間改為公共空間。為了讓老師的思考空間獨立，也規劃出一人一間的辦公室。但是在實施時，就遇到了非常多的阻力。有人嫌祕書不可以共用，埋怨研究室沒有私人實驗室。其實這種做法在克萊曼教授的書中也提到。我是在做節流的事情，但

是同仁無法理解。因此如何讓高等教育機構的同仁能夠體諒，國家的
經費有限，唯有大家共體時艱，一起減少不必要的支出，未來才能夠
有可能產生有實際績效的研究成果。

　　除了人事成本節約以外，很多消耗器材的節約，也可以收到很好
的效果。尤其是如果能夠和其他單位一起共同採購。因為採購量增加
就可以壓低成本。這在一個以大學為主，並有很多附設醫院的機構，
就可以成功的降低採購成本。在臺灣，最成功的例子恐怕就是長庚醫
院系統。也正因為醫院的耗材種類繁多，類似的東西也很多，如果能
夠精簡而且統一項目，某一種耗材採購的數量自然增加，如此既可以
壓低成本，也更容易管理。當數量達到一定的程度，甚至還可以不需
要經過代理商，直接向原廠採購，那成本將會降得更低。

25.

另闢新藍海的開源策略

價值創新的機會往往來自各種另類產業的相鄰空間。藉著放眼
另類行業，重建市場邊界，並創造出自己的藍海。

──金偉燦（W. Chan Kim）、芮妮・莫伯尼（Renée
Mauborgne），《藍海策略》作者

　　組織達到財務目標的方式一定要包括開源，它是尋求新方法，以
增加舊有的收入，尋覓尚未開拓的藍海市場，另闢新的收入來源。

　　在美國，醫院的帳單催收單位是改善現金流的關鍵，萬一找不到
最好的外包公司承包業務，醫院內的單位就必須不斷革新，至少需符
合業界標準的績效指標。「報告卡」可以用來評估單位的績效。它的
衡量指標包括：

　　1. 開單成本應該＜10%（最好在8%～9%）。

　　2. 應收帳款收現日數應該＜75天。

3. 淨收款率應該 ≧ 95%。

4. 被拒絕索償應該 ＜ 5%。

5. 索償到進帳延遲日數應該 ＜ 5天。

具實務經驗的外聘顧問可以非常有效的改善組織績效。雖然價格不菲（6個月以上的諮詢費用可能就要800～1,000萬美元），但是這項長時間密集「穩扎穩打」的改造所投下的成本，很可能在兩年就可得到回報；到第三年之後，每年損益表上的額外收入可在400萬美元以上，這樣投資到第四、五年後就回本了。

從政府的醫療補助方案中尋找有經濟回報的計畫

幾位院長提到，美國聯邦和州政府為低收入和資源有限人士提供的醫療補助方案（Medicaid），當中有很多能獲得經濟回報的計畫，而它們經常被忽視。在這方面應尋求組織內部或顧問專業諮詢。有利的措施包括：

1. 增加醫療補助給付上限（upper payment limit），限制醫師報銷（可能增加100萬美元收入）。

2. 與教師執業計畫（faculty practice plan）合作，利用政府間的支付轉移（intergovernmental transfers），爭取聯邦政府支持醫療補助（增加500～700萬美元收入）。

激勵方案刺激員工節省成本與付出更多努力

與醫療中心創建「激勵」方案。舉例來說，如果醫院收入超過預定目標、並已具體減少成本，可以提撥部分利潤支援研究及教學。這種方式可以激勵員工並節省成本，例如：減少病人住院日數、統一購買縫合材料、其他對醫院盈收有利的計畫。它可以帶來數百萬美元的進帳，而且讓員工知道這些收入會嘉惠到他們，他們自然就會付出更多的努力。

開設新課程尋找獲利機會

學校開設新的學術課程能增加收入，尤其是碩士課程，例如：生物醫學和轉譯醫學、婚姻和家庭治療、醫療專業教育、系統生物學、臨床試驗研究、生物倫理學、生物資訊學、臨床研究方法與醫師助理課程。但它的收益不大，即使開設新課程獲利最多的學校，每年增加的收入最多就是150萬美元。整體來說，院長一致認為開設新課程充其量只能算是「收支平衡」。正如一位院長表示：「所有新課程都會有成本。」同理，社區型的教育課程也未必能帶來進帳，例如：迷你醫學院。同樣的，學士後醫學專業教育的課程大部分也是收支平衡而已，但這種性質的課程有助於招收到多樣化的優秀學生。一位院長增加了一個國際事務聯絡處，大力宣傳該校的情境模擬訓練課程，除了鎖定美國醫學院學生之外，也擴展到外國醫學院學生，這種做法帶來的收入將近30萬美元。

利用學費改善財務狀況

醫學院透過學費來改善財務狀況有三種方法：一是增加學費。這種變動向來不受歡迎，引起學生和家長的反感、讓有潛力的傑出學生打退堂鼓，如此往往會抵銷增加收入的好處。儘管如此，對於一所擁有500名學生的醫學院來說，提高1,000美元的學費，每年就能增加50萬美元收入。第二種方法是與學校的領導高層商議，讓更多的學費留在醫學院的預算裡。第三種選項是學費依然保持不變，在不需增加額外師資之下擴大班級的規模。

按照這些方法，在美國的公立醫學院還可以採取另一種策略，就是每個班級可以增加招收外州學生人數，因為他們要付比州民還高的學費。萬一學校所在地的州憲法已授予該州居民身分一年的名額，這項做法的利益就會明顯降低。幾位公立醫學院校長指出，每班招收的外州學生人數大約占20%～35%。

收取服務費和設施使用費

雖然這種做法往往未能直接增加收益，但它至少可以為提供這些服務的部門達到收支平衡。尤其是使用資訊設備、圖書館、課程教學實驗室的收費，以及租借模擬醫學中心或臨床技術教室給其他組織（例如：消防局、警察局、急診醫學技術員）。

另外，繼續醫學教育（CME）課程可以擴展到附近的社區醫院，讓上課者取得繼續醫學教育的學分。這項社區的服務可以得到穩定的

收入。有一所學校將服務觸角延伸到國家公共衛生部門，並在幾個州政府機構提供服務，包括病人服務訓練（例如：為囚犯提供醫療保健）和諮詢服務（例如：傷殘鑑定、勞工職業災害補償評估）。

開展產業

開發藥物和醫療設備確實可以為醫學院與醫院增加可觀的現金流，例如：技術使用費或授權費。少數學校從研發獲取的年度現金達數千萬美元。以下有三項建議：

1. 聘請與產業有關係的副院長，擔任教師和產業界有效的牽線人。

2. 放寬智慧財產權的規則，刺激企業與學校合作，採行這種做法最成功的例子就是美國賓州州立大學和威斯康辛大學。此外，你也應該仔細觀察組織內的技術移轉辦公室，並評估其2年、5年和10年的表現。一旦察覺該辦公室的成本超過授權或銷售智慧財產權的收入，就該考慮縮小它的規模。

3. 考慮釋出學校內的研究空間，以較低的租金租給新創公司或較老字號的公司，但前提是他們要與校內人員共同開發或測試產品。

慈善募款

慈善募款是領導者的重要工作。在美國，有越來越多的醫學院校名是以捐贈2億美元以上捐贈者的姓名命名。其他捐贈還包括贊助新建築物、研究經費、教師，以及創建實驗室。最好的情況發生在一所

學校，他們得到的捐助可以支應50%的學校開銷。

　　吸引捐贈者的各種方法包括醫學院冠名，例如：加州大學洛杉磯分校（UCLA）大衛格芬醫學院（David Geffen School of Medicine）和紐約市西奈山伊坎醫學院（Icahn School of Medicine at Mount Sinai），獲贈金額是以數億美元計算。還有建築物冠名（通常在1,500～3,000萬美元）、擬訂學費減免或獎學金計畫，請校友資助一名學生的學費，以及為醫學院每年的校慶設立友情贊助或募款計畫（獲贈金額通常在100萬美元左右）。特別的是，有位院長表示該校友會為每一個畢業班舉辦每隔5年的校友週末聚會，因此在任何時間都會有校友慶祝畢業5、10、15、20、25……週年的同學會。開同學會的每一個班級都會有一名獎學金募款的負責人，其最終目標就是募得足夠的資金全額贊助一名醫學院學生的學費（約150萬美元），或是提供4～6萬美元資助一名學生一年的學費。

建立為財務負責的文化

　　歸根結柢，建立為財務問題負責的文化至關重要。所有部門和中心的主任必須在規定日期提交預算計畫給領導者辦公室。他們都可以提出激勵計畫，重要的是，主任必須知道編列預算的精準性是考核的重要指標。

增加收入的建議方法

☐ 改善組織績效。

☐ 從政府的補助方案中尋找有經濟回報的計畫。

☐ 以激勵方案刺激員工節省成本與付出更多努力。

☐ 開設新課程尋找獲利機會。

☐ 利用學費改善財務狀況。

☐ 收取服務費和設施使用費。

☐ 開展產業。

☐ 慈善募款。

無畏力的王道

集思廣益經營出
好的醫療教育環境

專家
領路

邱文祥

　　克萊曼教授列舉了非常多在美國如何增加學校收入的辦法。但是在臺灣這些方法往往都行不通。最主要是因為臺灣有一個僵化的高等教育制度。又有一個不敢隨便增加學費的國家政策（選舉考量）。因此如何讓高等教育的執行者在經費上面得到更多的支持，是一個非常頭痛的問題。

　　臺灣由國家支持高等教育機構研究者的研究經費極為有限，譬如科技部一般給大學教授，一年期的研究經費，都不會超過新台幣1,000,000元。在僧多粥少下沒有充足研究經費的環境下，如何能夠產出具經濟效益的研究，又如何能形成產業進而製造出社會及國家之利潤，這是一個非常嚴重的國家發展問題。

　　這些年臺灣產生了一個現象，就是私立醫學大學靠著擁有非常亮眼營運績效的附設醫院，將其收入轉而挹注到學校。這讓大學能夠收到並教出更好的學生，讓老師能夠做出更好的研究，從而協助醫院通過評鑑，進入良性循環。

　　反觀，當一所公立大學沒有一個業績良好的附設醫院，經營起來

實在是非常的困難。除了靠校友的有限募款及善心人士募款以外，幾乎別無他途，因此只有向政府爭取更多的經費。而臺灣的生技醫療產業規模又不大，其發展能夠得到的利潤又極其有限。亟待生技醫療產業的領導者，審慎思考，細心規劃，集思廣益才可能在臺灣經營出好的醫療教育環境，乃至醫療相關生產事業。

26.
建立一個慈善募款的文化

真心承諾的慈善事業讓人們不僅是透過一筆錢，更透過正
能量投資自己的財富。它為人類大家庭提供一個大好機
會，讓我們彼此成為夥伴，善用生命既有的一切資源。

——琳恩・崔斯特（Lynne Twist），資深慈善募款人

　　擔任醫學院或醫院領導者期間，負責的所有事務當中，慈善募款
的多寡會決定你的績效。接任這個職務時，有人就會帶你去引見一群
支持醫學院的社群領袖。你的工作就是讓這些人持續參與捐款，並擴
大這個圈子。

　　平均來說，領導者有10%～15%的時間（即每週半天）是在慈善
募款工作上。主要是出席勸募會，或是與高額捐助者一對一會面。每
天有數百人在醫療院所裡與你的同仁互動。感恩的患者一旦有適當的
機會，往往會以捐款的方式表達他們的感激之情。然而，這種心情是

有期限的，通常是3個月內。在這段期間，這些從你的醫療院所受益的患者比較有意願積極參與捐款。這需要組織一個成功的募款團隊，領導者也要花費大量時間和精力，讓每天都有機會添增潛在募款資源。關於慈善募款的建議如下：

1. **安排負責校友募款與遺產贈予的人**：由2名或3名募款人員負責這群人。舉辦20年、25年、30年、40年、50年的同學會。此舉非常有成效，尤其是籌集獎學金。年長的校友是重要的募款族群，因為他們會規劃遺產贈予，榮譽退休教授也可能會提供資金給許多重要的專案，有些人可能還會提供遺產。在募款團隊中值得安排一名負責遺產贈予業務的人員，由他／她來與患者、年長者互動。

2. **慈善募款列入策略計畫**：應該將慈善募款當成策略計畫中的焦點。必須明確定義籌款目標與金額，例如：學生獎學金、課程支援基金、種子資金、建設新建築物基金。

3. **出差行程中順便拜訪校友**：要求募款人員和你的助理檢視你的年度出差行程，可以為特定城市的校友安排造訪行程。就像一位校長表示：「我定期會在開會行程的所在地面見校友。」一年可以安排幾趟出差行程去造訪校友最多的地方。

4. **做好準備**：當有人問：「你需要什麼？」，你應該根據捐助者的財力去做適當的建議，例如：為醫學院學生的暑期研究提供種子資金、減免兩名學生的學費、獎學金、特定研究經費的資助、一個部門或建築物的冠名、醫學院冠名。

為募款成立委員會

在大學院校裡，會有一個集中的募款辦公室。而領導者也可以自行設立一個委員會，兼具慈善募款與策略諮詢的功能。不過實際上，受訪的院長中只有一半的人設立這種性質的委員會。因為很多時候設立委員會是組織高層的事（例如：董事會），但更常見的是下放給各部門，換句話說，就是成立各種部門或特定疾病的委員會，例如：癌症中心、心臟中心、阿茲海默症中心、視覺科學中心、高齡醫學中心、糖尿病中心。

領導者自行成立的委員會，成員可以貢獻三方面：時間、才能或財富。有些人可以提供這三方面的協助，但針對理事會整體而言，還是要在這三方面取得平衡。委員會應該有10～20名成員，考慮到這些人都很忙，經常遇到他們缺席會議的情況，因此人數可能要再更多。成員應該來自不同背景：董事（1～2名）、校友（2～4名）、社會產業人士（2～4名）、社區衛生領袖（1～2名）。如果委員會的重點是策略多於慈善募款，可尋求過去的教員（1～2名）、目前醫學院資深教員（1～2名）、其他在職或退休的學院院長（1～2名）。受訪院長絕大多數認為不宜收取委員費，但可向委員會成員請求年度捐款。

如何判斷募款人員是否稱職

為了成功募款，首先你需要一名真誠的夥伴發展這項工作。這個

人的價值觀必須和你的慈善募款目標一致,直接向你報告進展。你該如何判斷募款人員是否稱職呢?以下有四項重要衡量指標:

1. 他們是否經常和你會面(應該是每週會面)。
2. 他們每週是否撥出30～60分鐘和你一起打電話給潛在捐助者。
3. 他們每個月是否會安排2～4次餐會(早餐、午餐、晚餐),讓你和有影響力人士見面。
4. 他們是否與校友保持聯絡,每一年也會出差多次拜會這些校友(尤其是畢業多年的傑出校友)。

你雇到的募款人員要能夠策劃大型活動,並專注與醫學院學生、職員、校友、感恩的患者、遺產捐贈者、重要贊助人交流。這個募款部門需要一名有條理、有經驗的行政人員,這個人從來都不會錯過捐款人的生日或重要紀念日,也會與助理一起每週打電話給捐款者,每個月並找時間和捐款者面對面開會。這個人還會有效規劃你的出差行程,這樣你無論出差的原因為何,都有機會拜會校友。

如何建立慈善募款的文化

如何在組織建立一個「慈善募款的文化」?首先,這是一個可以創造學習機會的領導力問題。具體來說,你可以在組織內開設慈善募款的課程,或是引進「募款資源」之類的組織執行季度晚會的課程,邀請教育部門主任和關鍵資深員工參加,讓他們了解慈善募款的基本

機制。一位院長表示，有位醫師在第三次上課時和募款人員合作，成功向一個對醫院感恩的家庭做簡報，他們募得了25萬美元的研究經費。這已經遠遠超過上課費。你還可以在組織內舉辦關於慈善募款的全員大會，讓教職員工、醫師、學生、護理師、輔助醫療人員等全體員工意識到：慈善募款對組織醫療保健目標的重要性與影響力。正如一位院長所述，受託人和捐助人齊聚在禮堂，向醫師、護理師、醫療助理說明慈善募款的力量，以及他們為什麼選擇為醫療中心的特定需求提供支持，那個場面是很感人的。

領導者在培養慈善文化時，「慶賀」慈善募款的出現也非常重要。應該在你的電子通訊中特別提出每一個慈善捐贈，並在組織內廣為宣傳。當你提到組織內的進步時，慈善募款應該也要成為任何討論的一部分。只要你牽線，慈善募款就會融入組織文化了。

千萬別低估小額捐贈

在募款上，普遍的理念是找一個或幾個高淨值資產人士（財力10億美元以上），在建立多年的關係中投其所好，說服他們捐贈數百萬美元給組織。不過，財力不雄厚的感恩患者「群眾募資」的款項，也是大量資金的來源。「群眾募資」籌款的缺點是必須付出相當多心力才能籌到10萬美元。但小額捐贈也能積沙成塔，累積到非常龐大的金額，所以千萬別低估表面上看起來財力似乎不雄厚的捐助者。我曾經見識到小額捐贈累積的資金幫助幾位主任的研究得到成果。

無畏力的王道

聰明的募款，讓捐贈者做一件想完成的事

邱文祥

　　誠如克萊曼教授所述，一個好的院長要有極強的募款能力。這在美國已是全國的共識。聰明的募款不是在要求恩惠，而是在提供一個機會，讓捐贈者做一件他想完成的事情，他的善行將帶給他無比的欣慰。在美國，人們已習慣於用捐贈者姓名來命名醫學院或醫院建築物，這可獲得很好募款的機會。有些醫院的大門入口處，可以看到捐贈者的姓名和捐贈的金額數目，一般皆會依其金額多少，製作不同大小的名牌。

　　因為以基督教立國的美國，人對錢財的看法比較豁達。認為人死了，生前的那些錢也就是歸回上帝。可是這個觀念在臺灣並不風行，在臺灣要募款並不容易，可能蓋廟還比醫院更容易募款，這真是很奇怪的一個現象。當然有些醫院因為臨床服務做得好了，會有人捐款而組織一些基金會，做一些慈善工作。但是近年來政府對這類的基金會管理的也趨於嚴苛，因此現在捐款大部分都是改用實物捐贈來感恩。

有一個重要的觀念，我也想和各位讀者分享。所謂慈善，跟施捨是不一樣的。慈善在較正統的英文為（Philanthropy），而施捨比較像是（Charity），其含義就是代表著比較短暫的慈善。慈善與施捨的差異為何？一般人不太容易區分，我舉個簡單例子讓大家了解。如果一個地方發生了一個大地震，一個家庭的房子倒了。你拿了一些錢去幫他們把房子重蓋起來，這叫做「施捨」。反之，你如果用了這些錢去蓋了一所學校，聘請一些老師，去教導那些不幸的當地兒童。讓他們習得一技之長，日後能夠讓這個村莊再繼續茁壯，永續發展，這就叫「慈善」。

具有睿智的慈善一定會導向巨大的公益。但是民間有很多的人假借慈善之名，而行貪婪之實。尤其是在醫界，我們更要謹守分寸，保守住我們的核心價值，那也就是終身的利他主義奉行者。我們既要保護受施者的自尊心，更要防止施捨者的優越感。因此募款時一定要清楚建立一個目標，那就是：最終時，曾受救濟的對象不再求助於人。

總體而言，醫療事業應該是一種廣義的慈善事業，它應該是可以永續經營的，它應該是可以持續吸引愛心的。可惜的是，臺灣很多的醫院在全民健保體制下被財務壓得透不過氣，被迫進入紅海市場做軍備競賽，這絕非全民之福！

27.
一步好棋，快樂走出辦公室
至少一星期

定時工作並玩樂，讓每天都是有用且快樂的，好好利用時間，
藉此證明你了解時間的價值，也讓年輕時更快樂，年老時更不
會後悔，得到一個美麗成功的人生。

——露意莎・奧爾柯特（Louisa May Alcott），《小婦人》作者

　　工作和生活要達到平衡是不容易的，如果配偶或伴侶又不支持你
時，就會產生極大壓力。即使你再有條理的工作且時時體貼家人，工
作又要兼顧家庭生活，是不輕鬆的負擔。成功的領導者要如何取得平
衡的生活，讓自己不會失去家庭？

　　為了頭腦清晰，也能和家人共聚，領導者一定要有假期。但實
際上，對有些人來說簡直很困難，就像有位院長說：「沒有假期可
言。」大多數院長不在辦公室期間，會由常務副院長代理，可以酌情
委託工作（例如：研究、教育、臨床、財務）給副院長。有些平常事

務可以授予某位副院長有簽名的權力（例如：接受贈款），但其他重要事項則要等院長返回再決定。關鍵是當你休假時，你指定的聯繫人對於任何重大的事件都必須儘速讓你知情。

能夠離開崗位一星期，代表你對員工有信心

　　大多數的院長會要求行政助理處理他們的電子郵件、轉發緊急事項，或向代理副院長報告。再次強調，一定要有優秀助理能積極主動處理事情。雖然不在辦公室，但是大部分院長仍然每天至少會檢查電子郵件一次，這樣返回工作崗位時就不必處理一大堆電子郵件。有位院長表示，在為期 1 ～ 2 週的出國行程時，會設定一個只有助理知道的 Gmail 帳號，重要的電子郵件就會轉發到這個帳號。還有少數院長就算在放假中，仍然是 24 小時整天待命，有人就表示：「我的假期時間很難完全放鬆。」也有兩名院長會選擇到偏僻荒野的地方度假，沒有網路、電話，讓自己有幾天或一週的時間完全放空。

　　與家人度假時間應該多少才足夠呢？對於許多院長來說，幾天的假期即可。不過有些院長就會規劃安排每年 1 ～ 2 週的假期，經常要提前 6 ～ 9 個月來安排。正如一位院長指出，這是「一步好棋，快樂走出辦公室至少一星期」。領導者能夠離開崗位一星期，表示你對員工有信心，這也是你已經妥善完成工作的證明。你因此贏得了休息，而且在你缺席時，組織仍可以繼續運行（至少一週）。

別讓數位裝置占據屬於家人的時間

所以，究竟該如何平衡工作和家庭呢？絕大多數院長顯然都被數位裝置綁住了：「始終沒辦法擺脫手機和電子郵件」、「我不時在待機狀態」、「我絕對沒辦法離線。要我不看電子郵件、不接手機或是手機關機，根本不可能」、「我無時無刻掛在網路上」、「我知道這很病態，但已經成習慣了」。儘管幾乎被數位裝置束縛，但幾位院長明確表達會把心思放在家庭：「我會把家庭和個人生活擺第一位」、「沒有什麼比我的家人對我更重要」、「打從一開始工作，我就做出絕對的承諾保證家人永遠優先於工作」。

工作之餘保留時間給家庭相當重要，但只有兩位受訪院長完全奉行這項原則。一位院長表示這就像與家人一起守安息日的概念，沒有電子郵件，沒有會議，沒有電話。另一位院長會特別在晚上和週末關閉手機，這未必是為了家庭因素，而是要保留精力和清晰的頭腦：「我不會在晚上或週末讀取和工作相關的電子郵件。一旦這樣做，就表明了要我的員工也（必須）讀取電子郵件並回覆我，導致他們在這段時間還得處理平日工作的事務。這對員工很不公平。」

有幾位院長的折衷方法，是讓家人在一週開始之前，知道哪一天會回家吃晚飯，換句話說，告知真正屬於家人的時間，而這段時間不會回覆電子郵件，手機也會關機或靜音。一位院長指出：「我有一個非常通情達理的妻子，不時查電子郵件也沒問題。在週末和假期也允許我有20～30分鐘處理電子郵件。」另一位院長表示：「和孫子在

一起時，我不帶手機。」事實上，有幾位院長在週末會規範電子郵件
和手機的使用時段。

保持健康的身體

　　由於要出席所有的捐助者餐會，因此有三分之一受訪院長表示自
己的體重增加了4～7公斤。有一半的院長體重維持不變，而15%的
院長說減了2～5公斤。不過有一位院長提到：「我從來不量體重。
我的飲食和運動不會特別為了體重目的，而是著重在健康。」

　　為了保持健康，三分之二以上的院長定期（3～7天／星期）鍛
練身體，包括：上健身房、橢圓機訓練、跑步、騎自行車、游泳。其
他活動包括：散步（22%）、打高爾夫（14%）、滑雪（6%）、帆
船運動（6%）。其他單獨一人進行的活動包括：瑜伽、欣賞戲劇、
打太極、攝影、園藝、集郵、聆聽古典音樂、讀書和烹飪。沒有人參
加馬拉松或鐵人三項運動。有人高度重視要吃得好（11%）和睡眠好
（6%）。只有三分之一的院長每年接受體檢。

無畏力的王道

追求工作與生活的整合，
而不是平衡

邱文祥

　　休息是為了走更遠的路，這是大家都知道的一個淺顯的道理。但是不管在美國或是臺灣，醫學界與醫界的傳統中，往往都忽略了這一點。坦白而言，醫學界的工作者，家庭與工作兩頭燒的狀況非常嚴重。理論上，生活與工作平衡這種說法是達不到的。因為它們代表著兩種不同的量體，因此世界上沒有一種方法可以完美的協調這兩件事情，而使其達到平衡的狀態。因此所謂工作與生活平衡的說法是極具誤導性的。

　　我個人認為，不要刻意去追求工作與生活的平衡，先要忘記這個說法，而是用「適合生活的工作」來取代這個觀念。「適合生活的工作」讓人看到其人性化的一面及其可行性，而不是一味專注於無法達到的目標。即使是一個小小的改變，譬如一個月可以在家工作一天，就可能讓很多人工作的感受變得很不一樣。如何營造出一個適合生活的工作，這是很多領導者應該好好思考的方向，必須把工作與個人生活整合，也能將個人生活整合進工作中。

　　妥善處理工作與生活介面，意思就是讓生命中的各種需要都交叉相處，此理論其執行上要成功，最重要的機制就是自己要有完全掌控權，能夠管理自己的時間與精力。即使工作量很大，如果自己可以依照自己的需求掌控好，完成工作的同時又能照顧到其他責任的話，就是擁有控制權。如能妥善運用，工作的正能量就大於負能量。因此，身為領導者的你必須在生命的潮起潮落之間找到自然的整合。有些日子你必須以工作為中心，其他日子你必須以孩子為中心。而重要的是，如何在當下全心全力的對最重要的事情付出。

28.
留下漂亮的退場身影

不在板凳上結束你的職業生涯。

——吉姆・布朗（Jim Brown），美式橄欖球聯盟最有價值球員

　　坐在領導者這個位置上，明白自己何時卸任是相當困難的，很多時候是身不由己。正如一位院長表示：「只有兩種選擇，不是自己決定，就是別人決定你如何下台。」事實上，幾位受訪院長（14%）指出，渴望離開是因為他們已達到人生顛峰。但是，「顛峰」的定義很難界定。對有些人來說，是達成特定目標（例如：償清債務、小孩高中畢業），或是掌權的時間已經期滿（例如：10年任期）。相較之下，有的人其顛峰目標就顯得難以達到，例如：「醫療中心可以處在適應未來醫療保健、研究和教育的最佳狀態。」

　　另一方面，有人卸任的原因是由於健康問題、組織對我個人評價

不良及缺乏成就感。事實上，這只是約三分之一的受訪院長抱持的衡量標準。絕大多數的院長（57%）決定卸任時，並非出於一個事件或決定特定日期，大多數領導者去職的原因都很複雜，但其原因還是介於這兩個極端之間，有些院長表示：「……這是歷經持續的醞釀演變，不是一時的頓悟」、「工作再也不好玩了」、「眼前盡是障礙，機會渺茫」、「日常的例行公事變得『令人不快』」、「不想去上班」、「不再樂觀了」。

何時該卸任

一位院長表示：「早晨醒來，自我感覺再也沒有目標感、動機感和興奮感，還夾雜著幾分焦慮和恐懼，就是我該退下來的時候了。」在這方面，如果你曾做過一次年度回顧，而且在4～5年當中確實做了任期回顧，這就是你的絕佳機會，可以退後一步、反思過去、評估現在，然後主動決定去留。「如果我不當院長了，日後我要做什麼？」、「少了這份薪水，我要如何維持生計？」……如果你發覺自己是帶著懷疑答覆以上問題時，其實你自己早已做出回答了。當前很可能就是你不應再戀棧的停留原地，必須往前邁進的時候了。

檢視這個問題得到近四十個答案，明顯看到幾位院長已經開始為他們的未來糾結掙扎：「我知道我現在的活力和耐力大不如前……和上任時根本不能比」、「這多少都讓我很厭倦」。

還有一個必須警惕的情況，它尤其會發生在當你的上層組織已任

命新領導者的時候，這是審查決定你是否去留的很好機會。你決心要退休時，下一步就是要決定正式宣布的時機。當你有這個想法時，剛開始務必要保密，你還可以因此決定何時公布。一旦公開決定後，你已經是「跛腳」鴨子，原先擁有的資源將受到更多的限制，因為高層想儘量保留多一點資源來吸引你的繼任者，也不會管這些資源或許是你「掙得」的。

許多領導者認為提前9～12個月是適當的告知時間，可以給高層充裕的時間尋找與確認你的繼任者。如果一切進展順利，可能有1～2個月的重疊期，這樣新領導者就能跟著你更了解組織與員工的特質。除非組織內部有「接班人」，否則任何事交接期一短就會產生空窗期，這時最好的狀況就是維持現狀，最糟的狀態則是一路走下坡。此外，你必須去除錯誤觀念就是：以為自己有機會培養或挑選自己的繼任者。這種事絕對是例外，不是慣例。

漂亮退場的策略

想要漂亮退場，你的策略是什麼呢？

首先，你離開了，就離開！千萬別去質疑你的繼任者，並評論他或她的進展或不足，這會讓你落入痛苦的牢籠。正如一位院長表示：「我會盡我所能做到最好，直到工作的最後一天。至於在卸任之後會發生什麼事，我真的『不能』也「不會」試圖去控制。」

四分之一的院長會在任期的最後時期開始放帶薪的「學術休假」

（sabbatical leave）。這種卸任前的公休假，應該在你受聘擔任院長時就納入受聘條件中。無論有沒有放學術休假，絕大多數院長（42%）在後期都會回到臨床診療，無論是全職或兼職。其餘四分之一的院長會選擇在組織的董事會工作、擔任大學特別專案的協調員、回到實驗室、擔任顧問、寫作，或者在產業界尋求其他的職務，只有20%的院長計畫完全退休。

身為領導者是一個能夠做很多「善事」的大好機會。這是令人喜悅卻耗費精力的工作。關於該待多久、決定何時結束，都是關鍵。你的卸任計畫應該在開始任職之前就經過縝密的思考，唯有如此，你才能在任職期間一直完全按照自己的原則果斷行事。所有的競逐到頭來都會有終點，也只有在終點時，你才知道賽道的長度有多長、有多艱辛，也有多美妙。

無畏力的王道

別因為戀棧
而阻擋年輕後繼者的機會

專家
領路

邱文祥

天下沒有不散的宴席，對一位醫界或學界的領導者而言，如何漂亮的退場，肯定是人生的大智慧。在臺灣大多數的領導者，皆有任期制。有任期制的退場機制，就比較單純。至於退場後你是否要建議

你的繼任人選，我個人深切體會，如果你的建議不能產生決定性的影響，你最好是不要說。因為萬一未來接任的人，並不是你所屬意的人，你們日後還要相處，如此則相當尷尬。他對你之前作為若不認同，又會產生衝突。

誠如本章有位校長說的，我退下來，就是完完全全的退下，那已經不是我的事了。但是國內有一些領導者退下來後，還想具有影響力，最後都造成不好的結果！你可以被動的接受諮詢，但千萬不要主動的去干擾繼任者的任何事。

至於沒有任期的領導者，若自己已經覺得沒有辦法再向上提升，此刻千萬不要戀棧，因為其結果會影響組織向上提升的能量。你已經累了，而你的做法會阻擋年輕後繼者的機會。整個機構沒有辦法年輕化，不容易進步。因為你的貪念，可能將你及你的團隊前幾年的努力付之一炬。這是極無智慧的做法，因為畢竟最後組織的成敗就決定了你的成敗。

如何漂亮退場最重要的一個觀念就是，要能豁達。所謂有捨才有得！人在沒錢的時候，把勤捨出去，錢就來了，這叫「天道酬勤」。當有錢的時候，把錢捨出去，人就來了，這叫「輕財聚眾」。當有人的時候，把愛捨出去，事業就來了，這叫「厚德載物」。當事業成功後，把事業捨出去，喜悅就來了，這叫「德行天下」。有捨，絕不等於有得，但不捨，是永遠不會有得。默默耕耘成大局者，就是後世傳誦的legend（傳奇）！

後記

臺灣與美國的異同及補充

邱文祥

　　臺灣與美國不論在社會、文化、經濟、宗教、醫學,尤其是高等教育方面的差異極大。臺灣不論初級或高等教育極為偏重記憶式教學,是應付考試的教育;美國教育則非常注重個人發展,尤其是創造力及個人獨立思維能力的培養。臺灣頂尖大學大都是國立大學,美國頂尖的大學則多是私立大學,如長春藤大學聯盟。但美國公立中的加州大學就發展得很好,美國加州大學有十所分校,爾灣分校則是新成立的學校。加州面積約為臺灣的5倍大,人口約臺灣的1.5倍,是全美人口最多的一州,其經濟規模更遠勝於臺灣。美國加州大學在國際上享有盛名,其名義上是公立大學,但實務上非常接近公辦民營,更準確的說是公家監督民間興辦及經營,而不介入治校!

　　克萊曼教授曾任加州大學爾灣分校的醫學院院長,如書中所述,加州大學的經營模式完全是民營企業的方式。事實上是由加州政府信

託一批校務董事監督學校。學校董事會由政府代表、專業人士、社會公正人士和一位學生代表組成。加州政府以信託法人合約規範大學，每年政府提供學校經費（占總預算不大之比例），用來聘請小部分教師、職員、雇員、臨時人員等的薪水。加州大學和政府換來的是，該校必須接受一定比例的加州高中畢業生（比例由州政府與州議會協商決定），而且要收取較低的學費。學校與政府各司其職，雙方有一定權利義務，政府是站在「房東委辦」的立場，沒有介入辦學。

　　加州大學系統主要包括了十所加州大學分校，而其總部是位於奧克蘭市，這個總校長並沒有介入各分校的實際管理，他的最主要功能就是協助選出這十個分校的校長，及協調十所分校與州政府的重大政策，並負責協調政府及政治事務。如此分工分明的結果，加州大學分校有九所皆為世界排名百大名校（只有最小的一所不是）。因此可以看出加州大學的經營是非常靈活的，大學信託後有校董會訂定學校的各種運作準則，指引治學的大方向。

　　如本書所述，信託化並不是完全的自由化，如果要調漲學費或學雜費，須經學校董事會多數表決通過，並且必須和政府協商同意後才能調漲。如果政府認為學費太高，已經影響到加州公民權益。政府就必須編列預算補足不足的款項，或同意讓學校減少本地學生招生，去招收更多高學費的外國學生，讓學校得以繼續經營。招生人數的多寡或是科系的設立與廢止，加州大學各個校區都有一定的自主權。在加州不同類型的大學，可自訂不同的收費標準。對於公民與非公民價

差，大學也能在一定範圍內調整，只要不影響加州學生由政府法令所保護的受教權，學校自己可以決定招募國際學生的名額。

但是相較之下臺灣的大學，尤其是醫學大學，一來沒有加州大學世界的知名度和影響力，二來臺灣的醫學教育被教育部所轄的醫學教育委員會直接評鑑。嚴格限制醫學系招生的人數，不容易取得國外的醫學系學生，除了高雄義守大學能招收極少數外國籍的醫學系學生外。至於非醫學的相關科系如果想要提高學費來招收外國優秀學生，目前臺灣是沒有辦法做到的。這是基於非常現實的理由，因為比臺灣進步的國家，他們的子弟可能不會選擇臺灣；比臺灣落後的地方，若臺灣提高相當程度的學費，他們又付不起。臺灣的大學，尤其是醫學大學想要經營得好，就必須要有一個經營順利、盈利穩定的附設醫院。由附設醫院的利潤來挹注大學協助辦校。雖然合理，但誠如克萊曼教授所說的，這種方式非常敏感，操作起來有其複雜及困難性。最近在臺灣相當成功的例子就是臺北醫學大學及中國醫藥大學，他們所屬的附設醫院因為經營得相當成功，因此醫院的利潤可以間接挹注母體醫學大學。相得益彰下讓醫學教育辦得更好，教育出更優秀的人才到醫院去發揮所長，提升醫療服務，教學及研究能量。如此進入良性循環，優秀的教學研究人員又可回到母校去擔任教員，雙邊獲益，當然病人及社會皆受益（請讀者注意這兩所學校都是私立大學）。

另外，在臺灣有一個非常僵化的高等教育制度，就是大學教育之運作幾乎完全聽命於教育部。大學所做的重大變革，大多得教育部

批准。而教育部高教司的人員配置又極度不足，臺灣大學教育想要提升，首先要務就是如何讓教育部能放手讓國內的大學自主辦學。私立的大學可由財團法人之法定制度去經營及管理，但是政府又將財團法人管理交給公部門，有人強烈建議臺灣的公立大學應該學習美國加州大學進行信託化，在臺灣這就叫「公立機構法人化」。似乎公立大學行政法人化就可以解決臺灣公立大學僵化的問題，但這只是理想，在實務面要能達成，則需要非常多的努力去克服官僚體系（包括銓敘系統）困難。

筆者在擔任臺北市衛生局局長的時候，就曾歷時兩年努力規劃，徵詢學者、人事行政局長官、會計單位主管、審計單位官員、銓敘部長官，一起討論臺北市立聯合醫院行政法人化的可行性。並且廣泛與臺北市議會眾多的議員溝通，過程中發現僅僅是臺北市立聯合醫院要行政法人化（類似美國的信託化），它的問題就「非常非常」的複雜。換成是臺灣的公立大學要法人化，那整個大學教育的行政架構必須要釜底抽薪重新規劃。這個議題恐怕也只有行政院院長及總統有決心、有毅力，並且能帶領一群深諳臺灣公家制度、預算、審計、人事及民間經營管理人才，通力合作，一起努力規劃才有機會成功。

筆者曾經歷臺北市聯合醫院整合的陣痛，深知改革不宜一次大規模的變動。若要學校整合，應該由幾所適合的學校，也就是核心價值與社會脈動比較類似（換言之，比較接地氣）的學校先試辦。取得寶貴經驗後再逐步擴大實行，如此不會造成很大的副作用，而付出難以

估計的社會成本。

再者，臺灣高等教育老師的薪資早就比不上中、港、澳、新加坡，更不用說美國了。這許多年來臺灣一流教授被其他國家以極高薪資挖角，優秀的學生也常常跟著老師離去，優秀的研究計畫也跟著過去。如果臺灣繼續卡死老師的薪資，還要將教授的退休金降低，只怕臺灣高等學校未來真的招不到優秀師資。2017年教育部頒布高教深耕計畫，允許大學能將計畫經費用來彈性調整教職員薪資，以利學校留下優秀師資。但短期的高教深耕計畫並不實際，應該如克萊曼教授所說的，至少是四年或五年為期且成為常態預算。

臺灣高等教育如果想急起直追，就應該盡快鬆綁法令。美國大學信託化帶來的競爭力與新創事業的能力，讓全世界的一流人才都爭相赴美，如此也讓美國的學術界多元發展，能與產業界自然結合。雖然如上所言，好像美國高等教育非常完美，但是其實也未全盡然。美國高等教育學費非常高昂，逼得家庭舉債，或學生要付出高額貸款，才能夠完成高等教育，造成社會的不平衡發展。換言之，有錢家庭的小孩比較容易獲得教育的機會，子弟也較有成功的機會。這也是臺灣在師法美國高等教育時，要特別注意的情形。不可諱言，臺灣的大學學費實在是太低了，政府應該儘速訂一個合理的上限（起碼在亞洲的標準可以維持合理收費），只要不超出該上限，各個學校可依其吸引力，以教師學生的供需狀況靈活調整學費。一來可以挹注學校的收入，二來更可分辨出學校的好壞，如此讓辦得不好的學校可以有退場

機制。現在臺灣公立大學的學費一年約新台幣5～6萬元，是一般家庭都能夠給付的。如有家庭負擔沉重的學生，大學若有盈餘即可挪出一部分的獎助學金給予無息貸款，不讓任何一個優秀學生因為家庭財務問題而不能入學，不能完成學業。

　　臺灣在教育部統一的辦學模式和績效指標下，爭取固定總額的同一筆計畫經費。研究人員向科技部也是爭取有限且固定的研究經費。因其資源有限，僧多粥少，不同特色大學要想發展各自的特色，挹注龐大經費進行具有未來實用性的大型研究，根本是不切實際。

　　克萊曼教授提到大學研究的重要性，舉出許多針對研究型大學的具體建議。因為美國並沒有一個像臺灣教育部或科技部的管理機構，美國大學自由化得很徹底，能做到世界知名並領導全球。美國大學除了給予一流學者優渥的薪水，並提供多元的招生獎學金，更鼓勵校內研究團隊研發成果後成立公司，創業並獲利。獲利後便可回饋給學校，例如：成立獎學金、優秀教授獎勵金……等。

　　反觀臺灣的大學教授大多是熱衷於發表文章，做小規模技術轉移，技術轉移時學校又沒有提供充分完善的監督機制，無法避免外界對研究團隊是否有利益迴避的疑慮。再加上在八卦媒體渲染之下，對傑出研究團隊及社會產生難以想像的重大傷害。相較之下，美國的大學鼓勵教授與學生得到授權後自己出去開私人公司，大學可以分到公司股份後間接合法的獲利。老師創業後持續與學術單位合作，提出未來問題再一起解決，然後再創造出另外一個方向及機會，人生及職場

如此反覆進步，進入良性循環，精益求精。

　　反觀，臺灣產學發展法規限制的非常嚴格，臺灣與國外大學對產學合作的觀念相差很多。縱使美國大學在這方面領先很多，但誠如克萊曼教授所言，美國也只有少數幾家大學做得特別成功，這方面臺灣就更顯得落後許多。翻譯及編輯此書後，心中感觸良多且充滿焦慮。因為這幾年仔細觀察臺灣社會，也不只高等教育，好像各個領域都有點像愛因斯坦（Albert Einstein）所說的：「精神錯亂就是：一再重複做同一件事卻期待出現不同的結果（Insanity: doing the same thing over and over again and expecting different results）。」

致謝

拉爾夫・克萊曼教授的致謝

卡蘿爾，沒有妳就沒有我及醫學院院長的經驗，我人生當中有了妳，什麼事情都變成可能。也感謝所有參與此書的大學醫學副校長、醫學院院長，因為你們接受了這份神聖的工作，讓我們更有機會教育出優秀的人才，提供更優質的健康照護給病人。

如果沒有我的美國同儕，願意奉獻他們的時間與經驗，再加上中文譯者及作者邱文祥教授，願意將他曾任臺灣醫學院院長及醫院院長的心得與大家分享，這本書中文版不可能完成！

我在這本書的角色就是轉述美國同儕的思想及建議，彙整他們的想法、建議和經驗轉成文字。我非常感謝裘蒂絲・布蘭森女士（Ms. Judith Bronson）和喜來格・曼加拉姆女士（Ms. Ceileigh Mangalam）幫忙編輯。我也特別感謝瑞貝卡・布魯修拉斯女士（Ms. Rebecca Brusuelas）和特里・貝爾蒙先生（Mr. Terry Belmont），在我擔任院長的時期協助我，並花時間仔細閱讀，並予以指教。

然而，要不是有神奇的詹妮・湯姆女士（Ms. Jenny Tom）提出有效的策略，再透過CreateSpace書局的修飾，《超完美院長》永遠無法出版。

邱文祥的致謝

　　首先要感謝有那麼多位美國一流大學的校長或院長，願意花很多時間，回答這麼冗長及複雜的問卷調查。將他們的一生經驗及智慧，透過克萊曼教授的巧筆，完成《超完美院長》一書。我從事醫學教育近30年，深受震撼，對他們的執著及付出致上最高敬意。除了書中所說看得到的領導準則外，還有更多是看不到的、令人感動的核心價值。這真是我們臺灣各界相關領域的領導人應該學習的地方！

　　此書在最後加上我對臺灣醫學界現況提出諍言，希望能引起大家共鳴，期許臺灣向上提升。臺灣高等大學要塑造出一個合作的文化，就像克萊曼教授表示的，大多數美國醫學院領導者一再強調「文化的塑造」是最重要的。臺灣這麼小，怎麼可以不互相合作。臺灣醫界更小，更沒有不合作的理由，讓我們大家攜手邁進共創新局！

　　最後感謝臺北市立聯合醫院仁愛院區薛又仁主任校稿，再加上讀書共和國集團團隊與蔡孟庭小姐的大力協助，及林淑鈴小姐充滿熱情與細心的潤飾全文，讓此書能在百難之中完成。

附錄一

拉爾夫・克萊曼擬訂的原始問卷內容

General:

I. What preparations did you make for this job? Did you take a course and was it useful?

II. What was the biggest surprise you encountered in the Deans Office (i.e. for what were you least prepared)?

III. During your tenure, have you had any epiphanies with regard to your role as Dean (i.e. moments in which a revelation occurred that inalterably changed your approach to a given area/challenge)?

IV. What do you view as your greatest success and what factors allowed for that to occur? Was there a special moment or tactic that created a turning point in realizing the goal?

V. Looking back, was there a decision that you wish you could take back or reverse? What were the factors that led you into making that decision and knowing what you know now, how would you have done things differently?

VI. If you could describe yourself in one word, what would that word be?

The following are a series of questions that relate to the broad range of decanal activities. Feel free to dictate/write answers to as many of them as you see fit; it is fine to send answers in a very rough form. Unless otherwise indicated by you, no names will be associated with any given answers, anecdotes, or suggestions. For the education questions (i.e. 10 a-g), given their detailed nature, please feel free to involve your Senior Associate Dean for Education.

1.In the beginning······Organization and infrastructure:

a. Knowing what you know now, what would be the first and foremost piece of practical (i.e. actionable) advice to your successor?

b. In your Vice Chancellor/Dean's office do you have any positions that you consider unique? If so, what is the title and the purpose of that particular position and how important is it in your organization on a scale of 1-5 with 5 being vital?

c. Do you have a Vice Dean? If so what is his/her primary role? What is their value to your organization on a scale of 1-5 with 5 being vital?

d. When you are on vacation, to whom, if anyone, do you delegate decanal authority?

2.Hiring and Negotiation

a.How do you comprise your search committees: specifically who is the typical chair of the search committee and what categories of people do you have on the search committee (e.g. senate member, members from the given department, people from associated hospitals, psychologist?).

b.What are your instructions to the search committee (e.g. confidentiality – sign/not sign a statement; number of candidate visits; recommend how many candidates for the position from which the dean will select one?)

c.When a chair position becomes vacant, is there anything "special" or "unique" that you do to identify potential candidates beyond the usual advertising in the various journals and posting on the university's website?

d.When do you involve a search firm? How do you select one?

e.Do you have a favorite means of negotiation with a new chair to determine the size of the offer package?

f.Do you perform a "reverse site visit" when evaluating the final candidate for a chair position? If yes, what "new" information are you seeking?

g.Do you differentiate a temporary chair by using the terms "interim" (i.e. placeholder) vs. "acting" (i.e. potential chair candidate)?

3.Mission, Vision, and Goals: Formulating a Strategic Plan

a.How did you go about developing a strategic plan for your school? How long did it take? Did you involve an outside agency (if so, whom) and how would you rate that agency on a scale of 1 to 5 (best)?

b.How did you implement your strategic plan?

c.How often do you review progress on your strategic plan?

d.At what time point do you plan to do a major revisit and overhaul of your strategic plan?

4.Culture change

a.How do you define your culture?

b.How do you reinforce your culture?

5.Branding and marketing

a Have you undergone a branding exercise for your school? If so, what firm did you use? What was the cost and how satisfied were you with the outcome on a scale of 1 to 5 with 5 being excellent?

b.What metrics have you used to assess the impact of your branding/marketing exercise (i.e. increased applicants to your school, improved applicant pool, etc.)?

6.Faculty/Chairs development

a.Are you expending resources to further develop the leadership abilities of your chairs? If so, what are the specific actions you are taking (e.g. leadership courses, finance courses, executive coaching, etc.)?

b.Do you have a specific set of metrics for annually evaluating the performance of your chairs? If yes, please include a copy of that evaluation grid with your other answers.

c.Do you employ any methods to either incentivize or reward your best Chairs/departments? If yes, what are they?

7.Communication

a.What is your policy with regard to having cell phones, laptops, tablets at meetings (e.g. eFree meetings, laptops only, etc.)?

b.How often do you meet with your "boss" (e.g. the Chancellor or Provost)?

c.How often do you meet with your chairs one on one? How long are these meetings? How are they structured?

d.Do you have any regular occurring meetings that you consider to be relatively unique (e.g. quarterly town hall meetings, state of the school annual address, etc.)? If so, what are they and what is their specific purpose?

e.Do you have any secrets for managing email?

f.Are you on Facebook, LinkedIn, Twitter? If so, how often do you post information on those accounts? Who monitors these accounts for you or do you do this yourself on a daily/weekly basis?

g.Do you "text"? If so, how much time each day does this involve?

h.Do you use "voicemail" on your personal/cell phone?

8.Solvency: the cost of freedom

a.What is the biggest cost saving endeavor that you have undertaken and how much was saved?

b.What is the biggest "blue ocean" (i.e. new source of funding) that you have identified? How was it implemented and how much new funding did it realize?

c.Do you have a Dean's Discretionary Fund? If so, how much funding is there in that account

ANNUALLY for you to use as you see fit to grow/develop the School of Medicine?

d.Does your school have a formula that provides incentives to faculty?

9.Research: sustainability

a.Are there any new/unique research programs that you have begun that have been particularly beneficial?

b.In days of waning federal support for research, what has proven to be the biggest source of alternative research dollars for your university? How did you initiate or enhance this endeavor?

c.Have you maintained any part of your own research program and grants?

d.How does your school handle indirect funds from research grants?

e.Do you receive a portion of clinical revenue for school operations and is this determined by a formula?

10.Education: maintaining credentialing

a.Given the fiscal challenges to support education, have you begun any new/unique programs to provide for additional funding?

b.Aside from match day and White Coat, are there other ways in which you interact/engage your students on a personal level (e.g. student lunches, happy hours, student dinners, social clubs, etc.)?

c.Do you have any specific exercises or practices that you have found to be particularly beneficial in helping prepare you for the LCME visit?

d.What kind of curriculum do you have (departmental based / organ based / system based, etc.)? Do you anticipate changing it, and if so to what?

e.What are your thoughts on the use of digital technology, simulation, and flipped classrooms as part of the medical education process?

f.How much of your required curriculum is devoted to medical ethics? In what year of training do these classes occur?

g.How much, if any, of your required curriculum is devoted to medical humanities? In what year of training do these classes occur?

11.Clinical challenges

a.What measures have been most successful at your institution in achieving clinical alignment/integration with the medical center?

b.How have you worked out a viable funds flow model between the School and the Medical

Center? Do you have an institutional incentive plan (i.e. a process whereby if the hospital is doing well, then there is a formulaic funds flow to the school to support education and research) in place and if so, how does this work?

c.What have you found most helpful in the quest to further enhance clinical revenue (e.g. culture change, improvements in revenue cycling, development of new clinical programs based on consultant research)?

d.Are you personally still practicing and if so what percent of your time is involved? If yes, what is the reason you elected to continue to work clinically?

12.Philanthropy

a.Advisory council: Do you have a lay/community advisory council? If so, how many members are on it? What is its stated purpose (e.g. strategic, philanthropic, etc.)? Does each member make an annual donation to be on your advisory council? If so, is the amount specified and how much is it?

b.What per cent of your time each week is devoted to philanthropy? On average how many one on one meetings/meals with potential donors do you have each month?

c.What or who has been your greatest aid in your philanthropic efforts?

13.Senate / Board of Directors

How have you developed integration with either the Senate or your Board of Directors (e.g. monthly meetings with the Senate executive committee, a dean's office senate liaison, etc.)?

14.Retention

a.At what point do you initiate efforts with a faculty with regard to offering a retention package (i.e. when a faculty member states they are looking, states they have been invited to interview, has been to a place for one visit, has made a second visit, states they are on the "short list", has an offer letter in hand)?

b.If you do a retention agreement, are there any steps you take with regard to precluding the need for another retention exercise with that individual over a specified time period (e.g. have the faculty sign as part of the agreement that they will not seek another retention endeavor for a specific period of time)?

15.Termination/Firing

a.What are the key events that might lead you to ask a Chair to step down (e.g. lack of solvency, poor clinical performance, faculty revolt, etc.)?

b. Whose counsel, if any, do you seek in this regard (e.g. your cabinet, other chairs, provost/ chancellor, hospital CEO, etc.)?

c. Are there any intermediary steps with regard to rehabilitation/salvage that you may take prior to finalizing the action (e.g. anger management course, leadership course, executive coach, etc.)?

16.Crisis

a.What are your first steps when first informed of a crisis (i.e. legal counsel, provost/EVC, etc.)?

b.Who is on your "crisis" team?

c.What steps do you take to communicate with faculty and staff?

17.Self-evaluation

a.Have you personally undergone a 360 degree evaluation? If so, what prompted this action?

b.Have you personally engaged an executive coach during your tenure? If so, what prompted this action?

c.How are you evaluated annually? (Are you required to complete your own performance evaluation with stated goals, progress, and a leadership self-evaluation? Do you have an annual review with your provost/chancellor or board of directors?)

18.Life Balance

a. How do you handle your vacation time? (e.g. do you designate your email to someone else? Is it truly "down" time? Is there ever a time when you make known that you are inaccessible?)

b.How do you balance your family time (e.g. specific times during the week/weekend that are solely for family – during which time you are not looking at your email or taking phone calls, cell phone turned off)?

c.How do you maintain your own health and well-being? (e.g. physical trainer, exercise time, walking meetings, meditation, yoga, annual medical exam, etc.)

d. How much weight have you gained/lost since becoming Dean?

19.Moving on

a.When will you know that it is time to step down?

b.What is your exit strategy (i.e. return to practice, career change, sabbatical, retirement, etc.)?

附錄二

參與問卷調查的國際知名校院領導名單

Philip O. Alderson, MD
Dean, School of Medicine
Vice President, Medical Affairs
St. Louis University

Robert J. Alpern, MD
Dean and Ensign Professor
Yale School of Medicine, Yale University

M. Dewayne Andrews, MD
Vice President for Health Affairs
Executive Dean, College of Medicine
University of Oklahoma Health Sciences Center, Oklahoma City, OK

Karen Antman, MD
Provost, Boston University Medical Campus
Dean, School of Medicine
Boston University

William F. Bina, III, MD, MPH
Dean
Mercer University School of Medicine

David Brenner, MD
Vice Chancellor, UC San Diego Health Sciences
Dean, School of Medicine
University of California, San Diego

Michael E. Cain, MD
Vice President for Health Sciences and
Dean, Jacobs School of Medicine and Biomedical Sciences
University at Buffalo

Paul R. G. Cunningham, MD, FACS
Dean and Senior Associate Vice Chancellor for Medical Affairs
The Brody School of Medicine at East Carolina University

Thomas A. Deutsch, MD
Provost
Rush University, Chicago

J. Kevin Dorsey, MD, PhD
Dean Emeritus
Southern Illinois University School of Medicine

Betty M. Drees, MD, FACP, FACE
Professor of Medicine and Dean Emerita
Department of Internal Medicine and Department of Biomedical and Health Informatics
University of Missouri-Kansas City School of Medicine

Terence R. Flotte, MD
Dean, Provost, Executive Deputy Chancellor
University of Massachusetts Medical School

John P. Fogarty, MD
Dean
Florida State University College of Medicine

Robert N. Golden, MD
Robert Turell Professor in Medical Leadership
Dean, School of Medicine and Public Health
Vice Chancellor for Medical Affairs
University of Wisconsin-Madison

Robert I. Grossman, MD
The Saul J. Farber Dean and Chief Executive Officer
New York University Langone Medical Center

Roger Hadley, MD
Dean, Loma Linda School of Medicine
Executive Vice President for Medical Affairs, Loma Linda University Health

Edward Halperin, MD, MA
Chancellor/CEO
New York Medical College

Richard V. Homan, MD
President and Provost, Dean of the School of Medicine
Eastern Virginia Medical School

J. Larry Jameson, MD, PhD
EVP, University of Pennsylvania for the Health System
Dean, Raymond and Ruth Perelman School of Medicine
University of Pennsylvania

Cynda Ann Johnson, MD, MBA
President and Founding Dean
Virginia Tech Carilion School of Medicine

Richard D. Krugman, MD
Distinguished Professor
University of Colorado School of Medicine
Kempe Center for the Prevention and Treatment of Child Abuse and Neglect

Arthur S. Levine, MD
Senior Vice Chancellor for the Health Sciences
John and Gertrude Petersen Dean, School of Medicine
Professor of Medicine and Molecular Genetics
University of Pittsburgh

Steve Nelson, MD, CM, FCCP

Dean of LSUHSC (Louisiana State University Health Sciences Center)

School of Medicine

John H. Seabury Professor of Medicine

Professor of Physiology

Mark A. Richardson, MD, MScB, MBA

Dean, School of Medicine

President and Board Chair, OHSU Faculty Practice Plan

Oregon Health & Science University

Jose Ginel Rodriguez, MD, FAAP

President and Dean of Medicine

Universidad Central del Caribe School of Medicine, Bayamon, Puerto Rico

William L. Roper, MD

Dean and CEO UNC School of Medicine and UNC Health Care

The University of North Carolina at Chapel Hill

Paul B. Roth, MD, MS

Chancellor for Health Sciences

CEO, University of New Mexico Health System

Dean, University of New Mexico School of Medicine

Arthur J. Ross, III, MD, MBA

Dean & Professor of Surgery and Pediatrics

West Virginia University School of Medicine

Steven Scheinman, MD

President and Dean

Professor of Medicine

The Commonwealth Medical College

David Stern, MD
Executive Dean and Vice-Chancellor for Clinical Affairs
University of Tennessee College of Medicine
University of Tennessee Health Sciences Center

Jerome Strauss III, MD, PhD
Dean, Virginia Commonwealth University School of Medicine
Luigi Mastroianni, Jr. Professor of Obstetrics and Gynecology

Samuel J. Strada, PhD
Dean
University of South Alabama
College of Medicine

James O. Woolliscroft, MD
Lyle C. Roll Professor of Medicine and Dean
University of Michigan Medical School

匿名：2位

發光體 07

12週完美領導學：35位國際醫界 CEO 的智慧結晶
Compleat Dean：The Wisdom of Leadership

作　　者 / 拉爾夫·克萊曼（Ralph V. Clayman）、邱文祥（Allen W. Chiu）
特約主編 / 林淑鈴
封面設計 / Javick工作室
內頁設計 / Javick工作室
照片提供 / 邱文祥
責任企劃 / 盤惟心

出　　版 / 遠足文化事業股份有限公司（好人文化）
發　　行 / 遠足文化事業股份有限公司
地　　址 / 231新北市新店區民權路108之1號9樓
電　　話 / (02) 2218-1417　傳真 / (02) 8667-1065
電子信箱 / service@bookrep.com.tw
網　　址 / www.bookrep.com.tw
郵撥帳號 / 19504465遠足文化事業股份有限公司

讀書共和國出版集團

社　　長 / 郭重興
發行人兼出版總監 / 曾大福

業務平台
總經理 / 李雪麗　　　　　　　副總經理 / 李復民
海外業務協理 / 張鑫峰　　　　特販業務協理 / 陳綺瑩
實體業務經理 / 林詩富　　　　專案企劃經理 / 蔡孟庭
印務經理 / 黃禮賢　　　　　　印務主任 / 李孟儒

法律顧問 / 華洋法律事務所 蘇文生律師
印　　製 / 成陽印刷股份有限公司

2019年 9月 4日初版一刷　　定價：360元
ISBN 978-986-92751-5-6　　書號：SV0C0002
著作權所有·侵害必究
團體訂購請洽業務部 (02) 2218-1417分機 1132、1520

讀書共和國網路書店 www.bookrep.com.tw

12週完美領導學：35位國際醫界 CEO的智慧結晶 /
拉爾夫 ·克萊曼（Ralph Victor Clayman），邱文
祥（Allen W. Chiu）作 . -- 初版 . -- 新北市：好人出
版：遠足文化發行 , 2019.09
224面 ; 17×23　公分 . -- (發光體；7)
ISBN 978-986-92751-5-6(平裝)

1.企業領導

494.2　　　　108012981